TECHNIKA

BÜCHER DER PRAXIS

HERAUSGEGEBEN VON DR. R. SACHTLEBEN

BAND 4

PILZVERWERTUNG UND PILZKONSERVIERUNG

VON

DR. WERNER BÖTTICHER

MIT 12 ABBILDUNGEN

VERLAG VON R. OLDENBOURG
MÜNCHEN 1950

Dr. Werner Bötticher ist der Leiter der Zentralstelle für Pilzforschung und Pilzverwertung an der Deutschen Forschungsanstalt für Lebensmittelchemie, München

Satz, Druck und Bindearbeiten: Dr. F. P. Datterer & Cie. (Inhaber Sellier), Freising

Inhaltsverzeichnis

Schreiben Sie dem Verfasser:

1. Was entspricht nicht Ihren eigenen Erfahrungen?
2. Was würden Sie noch, oder noch eingehender behandelt wünschen?
3. Haben Sie irgendwelche Mißerfolge oder Sorgen technischer Art bei der Pilzverarbeitung?

Für alle Beobachtungen und Anregungen, die Sie auf dem Gebiete der Pilzverwertung und Pilzkonservierung machen und haben, ist der Verfasser dankbar.

Der Verfasser

Anschrift: München 9, Athener Str. 42

Vorwort

Das vorliegende Buch soll die Bevölkerung mit der Erfassung und der Verwertung der Pilzschätze unserer Wälder bekannt machen und der pilzverarbeitenden Industrie Hinweise zur zweckmäßigsten Verarbeitung der anfallenden Pilze geben.

In den Notzeiten unseres Volkes, aber auch in den kommenden Jahren werden wir infolge der Übervölkerung des uns noch zur Verfügung stehenden Lebensraumes immer einen starken Nahrungsmangel haben. Besonders die starke Verringerung unserer Viehbestände und das entsprechend geringere Aufkommen an Fleisch bedingt den Ausfall eines der wichtigsten Nährstoffe der menschlichen Nahrungsmittel, des Eiweißes.

Diesen Eiweißausfall auszugleichen, ist eine der wichtigsten Aufgaben unserer Ernährungswirtschaft. Es stehen uns in der Natur hinreichend pflanzliche Eiweißreserven zur Verfügung, um das tierische Eiweiß zu ersetzen. Eine der ergiebigsten, aber trotzdem noch viel zu wenig beachteten und ausgenutzten Rohstoffquellen liegt im Pilzreichtum unserer Wälder. Die unbedingte Erhaltung und der Schutz unserer Waldbestände ist nicht nur wegen des wertvollen Holzes und der drohenden klimatischen Veränderungen für uns lebenswichtig, sondern auch wegen der in ihnen vorhandenen, für die Ernährung wichtigen Rohstoffschätze (Pilze, Beeren und Heilkräuter, nicht zu vergessen das für die Fleischversorgung wichtige Wild).

Von welch ausschlaggebender Bedeutung die Ernährung mit Pilzen sein kann, mag einmal das Beispiel Lettow Vorbecks beweisen, der während zweier Monate in Ostafrika seine Truppen fast ausschließlich mit Pilzen ernährte, als auch die Berichte des englischen Afrikaforschers Stanley, der auf seinen Afrikaexpeditionen seine Leute infolge auftretenden Nahrungsmangels längere Zeit mit Pilzen am Leben erhielt. Schließlich sei auch noch erinnert an die große Wertschätzung, die einige Volksstämme Sibiriens den Pilzen in jeder Form entgegenbringen.

In dem vorliegenden Buch wird nun angegeben, welche Wege beschritten werden müssen, um den uns zur Verfügung stehenden Pilzreichtum möglichst restlos zu erfassen und ihn außer dem Frischgenuß unter Erhaltung und Ausnützung der Nährstoffe umgehend in Dauerprodukte zu verwandeln. Es wird besonders auf solche Verfahren hingewiesen, die sich für möglichst viele Pilzarten eignen, einfach durchführbar sind, und die wohlschmeckende und bekömmliche Produkte ergeben.

Dadurch wird nicht nur der pilzverarbeitenden Konservenindustrie, sondern auch weiten interessierten Kreisen unseres Volkes die Möglichkeit gegeben, sich mit der Frage der Pilzverwertung zu beschäftigen. Eine restlose Ausnützung der vorhandenen riesigen Pilzschätze wird allerdings erst dadurch erreicht werden, wenn es gelingt, die Pilzkunde als Allgemeingut unseres Volkes in den Schulunterricht mit aufzunehmen.

Die Pilze sind ein so umfassendes und interessantes Gebiet, daß es sich lohnt, daß sich jeder damit beschäftigt, nicht nur auf Grund ihrer ernährungswirtschaftlichen Bedeutung, sondern auch wegen ihrer Vielgestaltigkeit und Schönheit. Wir stehen hier vor einem Pflanzenkreis von unermeßlicher Größe und sind uns bewußt, daß diesen zu erforschen ein Menschenleben niemals ausreichen wird.

Wenn es durch mein Buch gelingt, die Erfassung und Verwertung der Pilze zu steigern und weitere Freunde für diese wichtige Aktion zu gewinnen, so ist damit bereits ein wichtiger Teil meiner Aufgabe erfüllt, die ich mir mit diesem Buch gestellt habe.

München, im März 1949 *Dr. Werner Bötticher*

Pilzvorkommen und Einteilung der Pilze

Die Natur stellt uns eine Eiweißquelle zur Verfügung, die merkwürdigerweise noch immer zu wenig ausgeschöpft wird. Das sind die Pilze, die Jahr für Jahr in vielen Arten — es gibt allein etwa 1800 Arten von Blätterpilzen, die in Deutschland vorkommen — und oft in riesigen Mengen in unseren Wäldern wachsen, sehr eiweißreich sind und von denen ein nur geringer Teil als Speisepilze für unsere Ernährung benutzt wird. Eine genaue Schätzung dieser Mengen ist naturgemäß sehr schwierig, da es ja gute, aber auch schlechte Pilzjahre gibt.

Vom Jahre 1938 an bin ich dem Problem der gesamten Pilzverwertung mit meinen Mitarbeitern nähergetreten, und wir haben eingehende Laboratoriumsversuche zur Verwertung auch minderwertiger Pilze durchgeführt. Ausgang der Arbeiten war die aus zahlreichen Analysen der verschiedensten Pilzarten sich ergebende Feststellung, daß auch die als minderwertig geltenden Pilzarten einen hohen Gehalt an Nährstoffen, insbesondere an Eiweiß und Mineralstoffen aufweisen und in dieser Beziehung nur wenig hinter den guten Speisepilzen zurückstehen.

Um einen Anhalt dafür zu gewinnen, welche Nährwertmengen hier für die Allgemeinheit erschlossen werden können, wurde versucht, den durchschnittlichen jährlichen *Pilzanfall* in Deutschland zahlenmäßig zu erfassen. Es wurden zu diesem Zweck in den sächsischen Waldungen bestimmte Waldstreifen ausgemessen und im Jahre 1938 (mittelgutes Pilzjahr) wöchentlich ein- bis zweimal alle auf den abgegrenzten Flächen wachsenden und nur irgendwie verwertbaren Pilze gesammelt und gewogen. Am Jahresende wurden dann die Zahlen auf das gesamte Reichsgebiet übertragen und so eine Jahresmenge von 2 Millionen Tonnen Pilztrockensubstanz errechnet. Der vierte Teil davon, also 500000 Tonnen, sind Eiweißstoffe, die zu 70—80% verdaulich sind. Es ist klar, daß diese Zahlen vorerst nur einen ungefähren Anhalt geben sollen. Diese Zahlen mögen sehr hoch klingen, sie stellen jedoch nur eine Schätzung in einem bestimmten Waldgebiet dar. Die Zahlen sollen andeuten, welche gewaltigen Pilzschätze uns in unseren Wäldern noch zur Verfügung stehen. Übrigens machte E. Hunte, Hannover, im Jahre 1946 in der Lüneburger Heide ähnliche Ertragsberechnungen und ist dabei auf 115 Kilo pro Hektar gekommen. Daß es sich aber bei den oben genannten Zahlen um keine utopischen Zahlen handelt, mag man daraus ermessen, daß z. B. im Jahre 1941 in der Dresdener Großmarkthalle etwa 2500000 Kilo Frischpilze verkauft wurden, und im Jahre 1948 auf den Münchener Märkten rund 700000 Kilo Pilze umgesetzt wurden. Man sagt bestimmt nicht zu viel, wenn man den geldlichen Wert der in unseren Wäldern wachsenden Pilze als in eine Milliarde gehend bezeichnet. Selbstverständlich sind alle solchen Schätzungen von den verschiedensten Faktoren abhängig.

Die Witterung spielt bei dem Wachstum der Pilze eine ausschlaggebende Rolle. Ein ganz typisches Beispiel ist das Jahr 1947, wo infolge der Trockenheit in Süddeutschland praktisch überhaupt keine Pilze wuchsen, während in Norddeutschland nur ganz geringfügiges Pilzwachstum auftrat. Allerdings war dieses Jahr 1947 in bezug auf das Pilzwachstum das schlechteste seit Menschengedenken. Das darauffolgende Jahr 1948 zeigte dagegen durch die feuchte Witterung begünstigt, ein Rekordwachstum. Damit wurden auch die Ansichten aller der Mykologen widerlegt, die vermuteten, daß das Pilzmyzel durch die monatelange Trockenheit schwere Schädigungen erlitten hätte. Im Gegenteil! Es zeigte sich, daß durch die lange Ruhepause das Pilzmyzel ganz besonders stark fruktifizierte.

Welche Schwankungen weiter der Anfall einer einzigen Pilzart in verschiedenen Jahren aufweisen kann, zeigt das Beispiel des Chemnitzer Pilzmarktes. Im Jahre 1935, einem ausgesprochenen Steinpilzjahr, wurden 3300 Zentner Steinpilze verkauft, 1937 jedoch nur 82 Zentner. Es handelte sich im Jahre 1935 also um etwa die 40fache Menge. Aus diesem Beispiel kann man ersehen, in wie großem Spielraum sich alle Schätzungen bewegen. Aber es soll hier lediglich gezeigt werden, daß es sich um die Erfassung bisher brachliegender Rohstoffe handelt, deren Menge, volkswirtschaftlich betrachtet, so erheblich ist, daß sie nicht länger vernachlässigt werden darf.

Es wird nun eingewendet werden, daß es sehr viele *Giftpilze* gibt, die man von dieser Menge erst einmal abzuziehen hätte. In Wirklichkeit ist aber die Zahl der Giftpilze sehr gering. Hier gibt es zahllose Übergänge vom gefährlichsten Giftpilz, dem Grünen Knollenblätterschwamm, angefangen bis zu denjenigen Pilzen, die durch einfache Verfahren entgiftet werden können. Als wirkliche Giftpilze, die auf jeden Fall von der Verwertung auszuschließen sind, kann man schätzungsweise 1—2% aller anfallenden Pilze bezeichnen, wobei diese Zahl aber für die meisten Gebiete noch als zu hoch gegriffen erscheint.

Die Menge der zwar nicht giftigen, aber wegen ihres Gehaltes an scharf, bitter oder brennend schmeckenden Stoffen ungenießbaren Pilze ist

schwierig abzugrenzen, dürfte aber etwa 3—4% aller Pilze nicht übersteigen. Hierher gehören z. B. der Gallenröhrling sowie die meisten bitter schmeckenden Arten.
Schließlich gibt es noch verschiedene Pilzarten, deren Verwertungsmöglichkeiten heute noch umstritten sind. Ihre Menge kann mit 5% des Pilzanfalls beziffert werden. Man kann also sagen, daß etwa 90% unserer gesamten Pilzernte in irgendeiner Art der Verwertung zugeführt werden kann. Dabei ist zu beachten, daß mit Ausnahme der Randgebiete der Großstädte und der systematischen Sammlungen in einzelnen besonderen Ertragsgebieten höchstens 5—10% des Pilzanfalls überhaupt erfaßt werden. Diese Zahlen zeigen, welch riesige Schätze in unseren Wäldern noch brach liegen. Es soll auch eine Aufgabe meines Buches sein, auf die noch zu erfassenden Rohstoffschätze hinzuweisen.
Allgemeine Angaben über den Genußwert der Pilze lassen sich schwer machen und sind natürlich mehr subjektiver Art; trotzdem wurde der Versuch gemacht, die am häufigst vorkommenden Speisepilze in drei *Wertgruppen* einzuteilen und zwar in sehr gute, gute und weniger gute Speisepilze. Zu dieser Beurteilung wurden außer praktischen Kochversuchen auch umfangreiches Analysenmaterial mit herangezogen, das auszugsweise in einzelnen Tabellen in diesem Buch niedergelegt ist. Selbstverständlich wurden auch die Angaben namhafter Pilzforscher mit berücksichtigt.

Gruppe I: Sehr gute Speisepilze

	Nr. in Ricken Vademekum 1920		
1.	1	Kaiserling	*Amanita caesarea Scop.*
2.	16	Grauer Wulstling } nach Abzug der Oberhaut	*„ spissa Fr.*
3.	18	Perlpilz } nach Abzug der Oberhaut	*„ rubescens (Pers.) Fr.*
4.	30	Riesenschirmling	*Lepiota procera Scop.*
5.	82	Grünling	*Tricholoma equestre L.*
6.	84	Schneepilz	*„ portentosum Fr.*
7.	131	Maipilz	*„ Georgii Clus.*
8.	164	Zusammengeballter Ritterling	*„ conglobatum Vitt.*
9.	165	Knolliger Rasling	*Clitocybe connata Schum.*
10.	168	Hallimasch (roh ungenießbar)	*„ mellea Vahl.*
11.	343	Winterrübling	*Collybia velutipes Curt.*
12.	459	Austernseitling	*Pleurotus ostreatus Jacq.*
13.	496	Mehlpilz	*Paxillus(Clitopilus) prunulus Scop.*
14.	770	Frühlingsschüppling	*Pholiota praecox Pers.*
15.	788	Reifpilz	*Rozites caperata (Pers.) Karst.*
16.	796	Stockschwämmchen	*Pholiota mutabilis Schäff.*
17.	1003	Blutegerling	*Psalliota silvatica Schäff.*
18.	1005	Riesenegerling	*„ augusta Fr.*
19.	1012	Schafegerling (Champignon)	*„ arvensis Schäff.*
20.	1015	Feldegerling (Champignon)	*„ campestris L.*
21.	1099	Schopftintling	*Coprinus comatus Müll.*
22.	1172	Küchenschwindling	*Marasmius scorodonius Fr.*

23.	1239	Edelreizker	*Lactarius deliciosus L.*
24.	1252	Mohrenkopf	,, *lygnyotus Fr.*
25.	1265	Brätling	,, *volemus Fr.*
26.	1280	Wieselfarbiger Täubling	*Russula mustelina Fr.*
27.	1281	Gefelderter Grüntäubling	*Russula virescens Schäff.*
28.	1284	Frauentäubling	,, *cyanoxantha Schäff.*
29.	1343	Frühlingsellerling	*Camarophyllus marzuolus Fr.*
30.	1387	Pfifferling	*Cantharellus cibarius Fr.*
31.	1412	Butterpilz	*Boletus luteus L.*
32.	1413	Schmerling	,, *granulatus L.*
33.	1418	Maronenröhrling	,, *badius Fr.*
34.	1431	Rotkappe	,, *rufus Schäff.*
35.	1432	Birkenröhrling	,, *scaber Bull.*
36.	3435 b	Ungenetzter Hexenröhrling (roh ungenießbar)	,, *miniatoporus Secr. erythropus Fr.*
37.	1442	Steinpilz und seine Abarten	,, *edulis ull.*
38.	1463	Ziegenfuß	*Caloporus pes caprae Fr.*
39.	1673	Krause Glucke	*Sparassis crispa Wulf.*
40.	1845	Speisemorchel	*Morchella esculenta Pers.*
41.	1848	Spitzmorchel	,, *conica Pers.*
42.	1850	Hohe Morchel	,, *elata Fr.*
43.	1852	Dickfüßige Morchel	,, *crassipes Vent.*
44.	1856	Böhmische Verpel	*Verpa bohemica Krombh.*
45.	1857	Fingerhutverpel	,, *conica Miller.*
46.	1860	Speiselorchel (Kochwasser weggieß.)	*Gyromitra esculenta Pers.*
47.	1861	Riesenlorchel	,, *gigas Krombh.*
48.	1862	Bischofsmütze	*Helvella infula Schäff.*
49.	2009	Sommertrüffel	*Tuber aestivum Vitt.*
50.	2013	Deutsche Trüffel	,, *maeandriformis Vitt.*

Gruppe II: Gute Speisepilze

1.	20	Scheidenstreifling	*Amanitopsis vaginata Bull.*
2.	31	Rötender Schirmling	*Lepiota rhacodes Vitt.*
3.	135	Veilchenritterling	*Tricholoma irinum Fr.*
4.	139	Violetter Ritterling	,, *(Rhodopaxillus) nudum Bull.*
5.	210	Graukappe	*Clitocybe nebularis Batsch.*
6.	211	Keulenfüßiger Trichterling	,, *clavipes Pers.*
7.	493	Empfindlicher oder kahler Krempling (roh ungenießbar)	*Paxillus involutus Batsch.*
8.	572	Heideschleimfuß	*Myxacium mucosum Bull.*
9.	899	Hoher Scheidling	*Volvaria speciosa Fr.*
10.	905	Rehbrauner Dachpilz	*Pluteus cervinus Schäff.*
11.	935	Mehlrötling	*Entoloma prunuloides Fr.*
12.	1121	Knotentintling (mit Alkoholgenuß giftig!)	*Coprinus atramentarius Bull.*
13.	1166	Feldschwindling	*Marasmius oreades Bolt.*
14.	1282	Grüner Birkentäubling	*Russula aeruginea Lindbl.*
15.	1290	Zinnoberroter Täubling	,, *lepida Fr.*
16.	1292	Cremeblättriger Bunttäubling	,, *grisea Gill.*
17.	1294	Weicher Dottertäubling	,, *lutea Huds.*
18.	1302	Ockerblättriger Täubling	,, *alutacea Pers.*
19.	1303	Apfeltäubling	,, *paludosa Britz.*
20.	1304	Heringstäubling	,, *xerampelina Schäff.*

21.	1320	Größter Saftling	*Hygrocybe punicea Fr.*
22.	1342	Glasigweißer Ellerling	*Camarophyllus niveus Scop.*
23.	1355	Purpurschneckling	*Limacium erubescens Fr.*
24.	1367	Olivgestiefelter Schneckling	,, *olivaceoalbum Fr.*
25.	1368	Weißgestiefelter Schneckling	*Limacium fuscoalbum Lasch.*
26.	1369	Schleimigbeschleierter Schneckling	,, *limacinum Scop.*
27.	1370	Wohlriechender Schneckling	,, *agathosmum Fr.*
28.	1373	Fransigberingter Schneckling	,, *ligatum Fr.*
29.	1374	Gelbflockiger Schneckling	,, *chrysodon Batsch.*
30.	1376	Elfenbeinschneckling	,, *eburneum Bull.*
31.	1380	Kupferroter Gelbfuß	*Gomphidius viscidus L.*
32.	1381	Rosaroter Gelbfuß	,, *roseus Fr.*
33.	1382	Kuhmaul	,, *glutinosus Schäff.*
34.	1383	Rötender Gelbfuß	,, *maculatus Scop.*
35.	1405	Hohlfuß	*Boletus cavipes Opat.*
36.	1411	Goldröhrling	,, *elegans Fr.*
37.	1420	Ziegenlippe	,, *subtomentosus L.*
38.	1421	Rotfuß	,, *chrysenteron Bull.*
39.	1425	Sandröhrling	,, *variegatus Swartz.*
40.	1429	Kornblumenröhrling	,, *cyanescens Bull.*
41.	1435	Netzstieliger Hexenröhrling (roh ungenießbar)	,, *luridus Schäff.*
42.	1451	Elfenbeinröhrling	,, *placidus Bon.*
43.	1466	Schafeuter	*Polyporus ovinus Schäff.*
44.	1661	Herbsttrompete, nur Würzpilz!	*Craterellus cornucopioides L.*
45.	1688	Hahnenkamm u. andere Korallen	*Ramaria botrytis Pers.*
46.	1786	Hasenbovist	*Lycoperdon caelatum Bull.*
47.	1793	Flaschenstäubling und andere Boviste, aber nicht Hartboviste, Scleroderma-Arten	,, *gemmatum Batsch.*
48.	1814	Eierbovist	*Bovista nigrescens Pers.*
49.	2011	Wintertrüffel	*Tuber brumale Vitt.*

Gruppe III: Weniger gute Speisepilze

1.	9	Narzissengelber Wulstling	*Amanita jungquillea Quel.*
2.	32	Geschundener Schirmling	*Lepiota excoriata Schäff.*
3.	33	Zitzenschirmling	,, *procera subsp. gracilenta Krombh.*
4.	35	Rosablättriger Schirmling	,, *naucina Fr.*
5.	74	Halsband-Ritterling	*Tricholoma robustum sensu Rick.*
6.	76	Riesenritterling	,, *colossus Fr.*
7.	94	Erdritterling	,, *terreum Schäff.*
8.	107	Rötlicher Ritterling	,, *rutilans Schäff.*
9.	149	Niedriger Ritterling	*Melanoleuca humile Pers.*
10.	195	Anistrichterling	*Clitocybe odora Bull.*
11.	233	Lacktrichterling	*Laccaria laccata Scop.*
12.	313	Breitblättriger Rübling	*Collybia platyphylla Pers.*
13.	321	Butterrübling	,, *butyracea Bull.*
14.	322	Horngrauer Rübling	,, *asema Fr.*
15.	335	Gemeiner Rübling	,, *dryophila Bull.*
16.	401	Rettichhelmling	*Mycena pura Pers.*
17.	426	Rosablättriger Helmling	,, *galericulata Scop.*
18.	694	Geschmückter Gürtelfuß	*Telamonia armillata Fr.*
19.	781	Sparriger Schüppling	*Pholiota squarrosa Müll.*

20.	945	Frühlingsrötling	*Entoloma clypeatum L.*
21.	1040	Graublättriger Schwefelkopf	*Hypholoma (Nematoloma) capnoides Fr.*
22.	1129	Glimmertintling	*Coprinus micaceus Bull.*
23.	1234	Pfeffermilchling	*Lactarius piperatus Scop.*
24.	1253	Dunkler Duftmilchling (nur Würzpilz)	,, *glyciosmus Fr.*
25.	1254	Bruchreizker (nur Würzpilz)	,, *helvus Fr.*
26.	1298	Orangeroter Graustieltäubling	*Russula decolorans Fr.*
27.	1305	Jodoformtäubling	,, *Turci Bres.*
28.	1323	Schwärzender Saftling	*Hygrocybe conica Scop.*
29.	1324	Gebuckelter Saftling	,, *obrussea Fr.*
30.	1325	Rosenroter Saftling und alle anderen Saftlinge	,, *amoena Lasch.*
31.	1354	Honigschneckling	*Limacium Russula Schäff.*
32.	1365	Lärchenschneckling	,, *lucorum Kalchbr.*
33.	1366	Frostschneckling	,, *hypothejum Fr.*
34.	1372	Gefurchter Schneckling	,, *tephroleucum Pers.*
35.	1375	Gelatinösberingter Schneckling	,, *gliocyclum Fr.*
36.	1378	Verfärbender Schneckling	,, *melizeum Fr.*
37.	1392	Trompetenpfifferling	*Cantharellus tubaeformis Fr.*
38.	1417	Kuhpilz	*Boletus bovinus L.*
39.	1456	Klapperschwamm, nur jung!	*Polyporus frondosus Fl. D.*
40.	1457	Eichhase, nur jung!	,, *ramosissimus Schäff.*
41.	1460	Semmelporling, nur jung!	,, *confluens Schw.*
42.	1479	Schwefelporling, nur jung!	,, *sulfureus Bull.*
43.	1588	Leberpilz, Ochsenzunge	*Fistulina hepatica Schäff.*
44.	1594	Semmelstoppelpilz, jung!	*Hydnum repandum L.*
45.	1606	Habichtspilz, nur jung!	,, *imbricatum L.*
46.	1685	Orangegelbe Koralle	*Ramarea aurea Schäff.*
47.	1710	Herkuleskeule	*Clavaria pistillaris L.*
48.	1924	Eselsohr	*Otidea onotica Pers.*
49.	1941	Kastanienbrauner Bläuling	*Plicaria badia Pers.*
50.	1951	Blasenförmiger Becherling	,, *vesiculosa Bull.*

Pilzerfassung

Die Erfassung der Pilze, vor allem der im allgemeinen bisher noch nicht gesammelten Pilze, ist eine schwierige Frage, ganz besonders in Zeiten des Mangels an Arbeitskräften. Die Zahl unserer eßbaren Pilze ist verhältnismäßig groß. Sie beträgt in Deutschland über 500 eßbare Arten. Doch sind in dieser Zahl viele seltene Pilze einbegriffen. Als brauchbare Speisepilze kann man etwa 150 Pilzarten anführen. Von diesen Pilzen sind ein großer Teil als gute Speisepilze anzusprechen, aber auch die übrigen Pilze sind noch zur Herstellung von Extrakt und Pulver ohne weiteres verwertbar. Bisher sind auf einzelnen, besonders gut organisierten Pilzmärkten 50 Pilzarten amtlich zum Verkauf zugelassen. Als besondere Ausnahme sind zu nennen der Pilzmarkt in Linz, wo etwa 80 Arten amtlich zum Verkauf zugelassen sind, und die Schweizer Pilzmärkte, die 100 verschiedene Pilzarten zulassen. Wenn auch nicht alle diese Pilze von den Sammlern in größeren Mengen dem Marktverkauf zugeführt werden, so wird doch schon durch die Möglichkeit des Verkaufes so vieler Pilzarten ein Interesse für diese Pilze bei den Sammlern geweckt. Andererseits bilden diese gut organisierten Pilzmärkte einen Beweis dafür, was durch Schulung der Sammler erreicht werden kann. Es folgen zwei Beispiele, die zeigen sollen, wieviel Pilzarten auf dem Markt erscheinen können.

Die Zusammenstellung von Prof. Giesenhagen, die er über den Pilzumsatz auf dem Lebensmittelmarkt in München 1902 gemacht hat, sieht folgendermaßen aus: Es kamen zum Verkauf:

Steinpilz	160000 Kilo	Maipilz	5500 Kilo
Birkenpilz und Rothäubchen	80000 ,,	Brätling	4500 ,,
Champignon . . .	45000 ,,	Morcheln	3500 ,,
Pfifferling	40000 ,,	Stockschwämmchen	3000 ,,
Graukappe, Nebelkappe	30000 ,,	Frühjahrslorchel	1500 ,,
Täublinge	15000 ,,	Butterpilz und Schmerling . . .	600 ,,
Schafeuter u. Semmelporling . . .	9000 ,,	Austernpilz	500 ,,
Habichtspilz . . .	7000 ,,	Hallimasch	350 ,,
Großer Schirmpilz .	6000 ,,	Schweinsohr (Keulenfüllhorn) . . .	300 ,,
Ziegenbärte	5500 ,,	Echter Reizker . .	150 ,,

Für den Lebensmittelmarkt in Linz gab R. Berndl für 1941 folgende Verkaufsmengen an:

Pfifferling	16633 Kilo	Birkenpilz	28 Kilo
Hallimasch	745 ,,	Grünling	15 ,,
Schafeuter	410 ,,	Ziegenbärte	14 ,,
Semmelporling . .	193 ,,	Stockschwämmchen	11 ,,
Steinpilz	175 ,,	Butterpilz	8 ,,
Rothäubchen . . .	125 ,,	Großer Schirmpilz .	7 ,,
Brätling	69 ,,	Krause Glucke . .	4 ,,
Habichtspilz . . .	29 ,,	Reizker	4 ,,

Es ist anzustreben, daß die Zahl der zugelassenen Pilzarten auf den einzelnen Märkten von 30 auf 50 zu steigern ist. Jedenfalls ist der Markthandel noch durchaus entwicklungsfähig, es könnten durch Bereicherung desselben mit mehr Pilzen und weiteren Pilzarten der Bevölkerung der Großstädte zusätzliche Lebensmittel zugeführt werden.

Für die Erfassung weiterer Pilzarten aus unseren Wäldern haben sich bis jetzt folgende Vorschläge besonders bewährt:
Von jedem in einem pilzreichen Waldgebiet gelegenen Betrieb, der die Pilzverwertung im großen betreibt, wird ein *Pilzsachverständiger* verpflichtet, der die Sammler darüber belehrt, daß sie von allen reichlich anfallenden Pilzarten zunächst Proben mitbringen sollen. Der Sachverständige gibt dann Auskunft, ob der Pilz gesammelt werden kann oder nicht und kontrolliert die hereinkommenden Arten. Auf diese Weise erweitern die Sammler ihre Pilzkenntnisse. Es ist ratsam, im Anfang nicht zu viele Pilzarten hereinzunehmen, um die Sammler nicht zu verwirren. Im Anfang werden zunächst 6 verschiedene Pilzarten genügen, die man dann langsam mit der Zeit steigern kann. Der Sachverständige gibt unter Berücksichtigung der jeweiligen Verhältnisse gleichzeitig mit an, welcher Preis für das Kilo Pilze bezahlt wird, und ob beispielsweise nur die Hüte gesammelt werden sollen oder der ganze Pilz. Er hat auch dafür zu sorgen, daß nur madenfreie Pilze zur Anlieferung kommen und überhaupt in allen das Sammeln betreffenden Fragen die notwendige Erziehungsarbeit zu leisten. Weiterhin wird es seine Aufgabe sein, je nach den örtlichen Verhältnissen in Zusammenarbeit mit Lehrern und anderen Personen einen Sammlerstamm aufzubauen, der bei Pilzmassenanfall in der Lage ist, entsprechende Mengen hereinzuholen. Solche hauptamtliche Sachverständige sind auch dort einzusetzen, wo eine große Trockenanlage besteht.
Unabhängig von diesen von den Betrieben verpflichteten Pilzsachverständigen sind für bestimmte größere Gebiete *Obmänner* einzusetzen, die von höherer Stelle aus die gesamte Pilzverwertung in ihrem Gebiet vorantreiben. Es muß sich dabei um Personen handeln, die schon Jahrzehnte lang mit der Pilzkunde verwachsen sind. Diese Obmänner sollen nach Möglichkeit, selbstverständlich im engsten Einvernehmen mit den örtlichen Pilzsachverständigen, je nach der Lage des Falles einfache örtliche Trockenanlagen wie Backöfen, Sägewerke mit Trocknungsanlagen, Hopfendarren und dergleichen, in die Pilzverwertung einspannen, und möglichst in jedem Ort, in dessen Umgebung genügend Pilze wachsen, eine Trocknungsgelegenheit vorsehen. Der Trockenpilzanfall würde sich erheblich steigern, wenn möglichst viele Personen von sich aus wenigstens einige Stunden in der Woche auf Pilzsuche gingen. Was dann nicht dem eigenen Verbrauch dient, das wäre über einen örtlichen Vertrauensmann den Pilzverwertungsanlagen zuzuführen. An dieser Stelle möchte ich eines Mannes gedenken, der in der praktischen Pilzverwertung Vorbildliches geleistet hat: Johann Strobl, Obst- und Pilzverwertung, Gleisdorf bei Graz, der 1945 auf tragische Weise ums Leben kam, hat die Haustrocknung und Pilzerfassung in der Steiermark so vorbildlich organisiert,

daß auf diese Weise von dort aus der Ernährungswirtschaft große zusätzliche, eiweißhaltige Rohstoffschätze zugeführt wurden.

Bei der Pilzerfassung ist nochmals darauf hinzuweisen, daß stets nach Möglichkeit *sortenrein* gesammelt werden soll, da sich erfahrungsgemäß in getrockneten Mischpilzen eine eindeutige Bestimmung aller Exemplare nicht mehr durchführen läßt. Keinesfalls ist es aber zulässig, daß getrocknete Mischpilze von allen möglichen Arten in den Einzelhandel gelangen. Diese sind vielmehr ausschließlich zur Verarbeitung auf Extrakt und Pulver zuzulassen, da nur hierdurch letzten Endes die Gefahr einer Pilzvergiftung abgewendet wird.

Ein Anreiz zum sortenreinen Sammeln und Trocknen ist dadurch zu geben, daß für getrocknete Mischpilze ein erheblich niedrigerer Preis bezahlt wird.

Die *Preisfestsetzung* ist vorläufig, solange noch keine genügenden Erfahrungen vorliegen, jeweils dem örtlichen Pilzsachverständigen zu überlassen. Eine übereilte Schematisierung der Preise ist abzulehnen, denn hier kann vom grünen Tisch aus mehr Schaden als Nutzen gestiftet werden. Man muß bedenken, daß es sich bei der Organisation der Pilzerfassung um eine Angelegenheit handelt, die erst im Aufbau begriffen ist. Selbstverständlich muß darauf gesehen werden, daß die Endprodukte, also insbesondere Pilzpulver und Pilzextrakt, wenigstens für ein Jahr preisstabil sind. Auf diese Weise fügt sich die Pilzverwertung ohne Schwierigkeit in den Rahmen der stabilen Preise ein, die für ein reibungsloses Wirtschaftsleben notwendig sind.

Die eben beschriebene Art der Pilzerfassung scheint für die nähere Zukunft die erfolgversprechendste zu sein. Auf weite Sicht gesehen ist es natürlich am besten, wenn die Pilzkunde bereits in den Schulunterricht mit eingebaut wird, und die Schuljugend auf ihren Schulausflügen die praktischen Pilzkenntnisse vermittelt bekommt. Es ist notwendig, daß bei den obersten Schulbehörden immer wieder an diese wichtige Tatsache erinnert wird. Im Kapitel Pilzschulung und Pilzpropaganda komme ich noch ausführlicher auf diesen Punkt zurück.

Das Sammeln der Pilze

Bei der Pilzverwertung spielt auch das Sammeln der Pilze eine große Rolle, so daß hier einiges darüber berichtet werden soll. Wie oft sieht man im Walde ganze Pilzgruppen zertrampelt oder sonstwie vernichtet, die für den Pilzkenner wertvoll gewesen wären. Solche Zerstörungen werden vielfach von Personen verursacht, die dieses aus Unkenntnis tun oder der Meinung sind, es handle sich um giftige Pilze, die im Interesse der Allgemeinheit vernichtet werden müssen. Das letztere ist zwar gut gemeint, muß aber verurteilt werden, da ja über die Giftigkeit eines Pilzes nur der Kenner urteilen kann. Außerdem werden unsere Pilze einschließlich der Giftpilze auch für pharmakologische Zwecke gesammelt und auf ihre arzneiliche Verwertbarkeit untersucht. Gerade hierbei wird sich vermutlich noch manche Überraschung ergeben, da das Gebiet in dieser Beziehung bisher wenig bearbeitet wurde. Näheres darüber berichte ich in dem Kapitel „Die Heilwirkung der Pilze".

Wer erst geringe Pilzkenntnisse hat, sammelt zunächst nur die Pilze, die er genau kennt, lasse alle anderen stehen und nehme sich nur von Exemplaren, die reichlich vorkommen, einige zur Bestimmung oder zur Vorlage in eine Pilzberatungsstelle mit, um so seine Pilzkenntnisse zu erweitern.

Die Pilze werden beim Sammeln vorsichtig *herausgedreht*, um das im Boden steckende Pilzmyzel nicht zu beschädigen und den ganzen Pilz zu Gesicht zu bekommen, was beim Abschneiden nicht möglich ist. Für die Artbestimmung der Pilze ist dieses wichtig. Man säubere den Pilz sofort von Schmutz und Pflanzenresten und schneide ihn bei Madenverdacht mitten durch. Madige Pilze werfe man sofort wieder weg, da sie für die Vermehrung im Walde nützlich sind, während sie in unserem Korbe durch weiteres Vermaden noch unbrauchbarer werden. Man sammle möglichst in Körbe oder Schachteln, damit die Pilze nicht gedrückt werden, sonst hat man beim Nachhausekommen nur zerdrückte und beschädigte Exemplare. Lediglich feste Pilze können beim Massenanfall ausnahmsweise auf kurze Zeit in einem Sack oder dergleichen aufbewahrt werden. Aber man sorge bald dafür, daß die Pilze frei lagern können, da sie ja noch nicht tot sind, sondern leben und atmen und deshalb beim Aufbewahren in ungelüfteten, engen Räumen sich erhitzen. Der Pilz stirbt erst beim Abkochen ab. Man sieht dies auch daran, daß Pilze, die man abends waagerecht hingelegt hat, sich über Nacht durch Stielkrümmung aufrecht zu stellen versuchen, um Sporenausfall zu ermöglichen. Zu wässerige und zu alte Pilze vermeide man. Daß man bei der Säuberung der Pilze das Futter nicht entfernt, ist wohl selbstverständlich, da es ja die Nährstoffe, insbesondere die Eiweißstoffe, in hohem Prozentsatz enthält. Lediglich die Oberhaut der Hüte ziehe man ab, soweit dies ohne Schwierigkeit möglich ist.

Gefrorene Pilze kann man verwerten, nur beachte man, daß sie sofort verzehrt werden müssen, da infolge des Gefriervorganges ihre Struktur wesentlich verändert ist, und sie besonders leicht verderben. Über den Genuß gefrorener Pilze berichtet der bekannte Pilzforscher W. Friese, Dresden, einige interessante Einzelheiten. Nach ihm kann es sich hierbei erstens um Pilzarten handeln, die überhaupt erst zur kalten Jahreszeit oft unter Eis und Schnee wachsen, und zweitens um Spätherbstarten, die bis zu den Zeiten der ersten Fröste in den Wäldern zu finden sind. Sind diese Fröste erheblich, dann kann es vorkommen, daß derartige Pilzarten steif gefrieren. Weicht der Frost, dann tauen sie auf, fallen schnell zusammen und verfaulen. Die zuerst genannten Pilze sind oft ebenfalls fest gefroren, aber beim langsamen Auftauen verderben sie zumeist nicht, sondern können sogar ihr Wachstum fortsetzen.

Zu den unter Schnee wachsenden Pilzen gehören z. B. der Schneepilz, der Winterpilz oder Samtfußrübling und vor allen Dingen der Austernpilz. Zu den Herbstspätpilzen gehören unter anderem der Butterrübling, der kaffeebraune Trichterling, der rötliche Ritterling, vornehmlich der Hallimasch und das Stockschwämmchen. Auch der Graukopf oder die Nebelkappe wachsen bis tief in den November hinein. Wie man nun die ausgesprochen im Winter wachsenden Pilze, selbst wenn sie bei starkem Frost hart gefroren sind, und von Eiskristallen starren, nach vorsichtigem Auftauen ohne Bedenken in mannigfacher Zubereitungsart verzehren kann, so trifft das auch auf gefrorene Spätherbstarten zu, wenn sie nur nach dem Auftauen noch nicht erschlafft und zusammengefallen sind. Pappige und am Boden liegende, aufgetaute derartige Pilze sind zu meiden. Es gibt aber kaum etwas Köstlicheres an Frischpilzgerichten als gefroren gewesene Austernseitlinge, die sich dann sogar auch noch zum Abdörren eignen. Der aufgetaute Winterpilz und Hallimasch geben sehr schmackhafte Suppen. Diese Tatsachen dürften wohl die Frage berechtigt erscheinen lassen, ob es vorteilhaft ist, Pilze tief zu gefrieren, wie das ja jetzt bei verschiedenen Obst- und Gemüsearten weitgehend geschieht. Ausführlicher darüber berichte ich in dem Kapitel „Tiefgefrieren der Pilze“.

Außerordentlich interessant ist die Frage, was der einzelne Sammler an *Pilzmengen* hereinholen kann. Der bekannte Forstwissenschafter Geheimrat Dr. Wappes hat im Jahre 1944 aufschlußreiche Erhebungen in dem Bayrischen Regierungsforstamt Niederbayern-Oberpfalz machen lassen. Besonders die Forstämter Beilngries, Bodenmais, Cham, Etzenricht, Vohenstrauß und Winterberg-Süd haben dabei mitgewirkt. Es wurde über folgende Resultate berichtet: Die höchste Angabe war, daß ein erfahrener Sammler in guten Jahren am Tag 1—2 Zentner einer Pilzart sammeln könne; 1 Zentner, also 50 Kilo, wird von verschiedenen Forstämtern angegeben. Diese Menge stimmt überein mit vielfachen Umfragen der einzelnen Kreissachbearbeiter und dürfte im allgemeinen als zutreffend betrachtet werden. Beim Sammeln von Mischpilzen würde sich die oben angegebene Menge noch wesentlich erhöhen. Interessant ist auch die Beobachtung, daß das Pilzwachstum in unmittelbarer Nähe von Großstädten bereits stark nachgelassen hat, ein Zeichen dafür, daß das Pilzmyzel durch die starke Inanspruchnahme und Störungen bereits Schädigungen erlitten hat.

Über das vielbesprochene Thema Pilzwachstum und *Mondwechsel* kann folgendes berichtet werden: Es herrscht die weitverbreitete Meinung vor, daß es sich nur lohne bei zunehmendem Monde in die Pilze zu gehen. Ohne weiteres ist denkbar, ja durchaus wahrscheinlich, daß eine mondhelle Nacht auch das Wachstum bzw. die Streckung der Pilzfruchtkörper mehr fördert als ein wolkiger Himmel oder gar Neumond. Daß aber der zunehmende Mond ein wirksameres Licht abgeben soll, als der Voll- und abnehmende Mond entbehrt jeder ernsthaften Begründung. Man kommt zu dem Schluß, daß der Pilzsammler bei allen Mondphasen gleich guten Erfolg haben kann, wenn nur das richtige feuchtwarme Wetter dazu kommt.

Ein Beispiel dafür, wie sich die Pilzerfassung erfolgreich organisieren läßt, bietet das folgende *Merkblatt* für Pilzsammler, das die Pilz- und Wildfrucht G.m.b.H. in ihren Sammelbezirken verteilt hat. Es ist absichtlich in vollem Wortlaut wiedergegeben, weil es alle Punkte enthält, die für den Erfolg einer Sammelaktion von Bedeutung sind. Der obengenannten Gesellschaft ist es in den letzten Kriegsjahren gelungen, in Schlesien und dem Bayrischen Wald trotz ungünstigen Pilzwachstums ganz erhebliche Pilzmengen mit ihrer Aktion zu erfassen. Die Pilz- und Wildfrucht G.m.b.H. will es den Sammlern möglichst leicht machen, und weicht deshalb in einigen nebensächlichen Punkten von meiner Ansicht ab. Das Merkblatt hat folgenden Wortlaut:

Pilzsammler meldet euch!

Die Bevölkerung will Pilze haben! Pfifferlinge (Eierpilze) und Steinpilze werden bereits erfaßt. Es gibt aber außer diesen gewöhnlich bekannten Speisepilzen noch sehr viele andere ebenfalls wohlschmeckende und wertvolle eßbare Pilzsorten, die in Riesenmengen ungenützt zugrunde gehen, weil man sie nicht kennt oder zu wenig schätzt. Von diesen kommt folgenden Sorten am meisten Bedeutung zu:

Rotkappe, *Boletus rufus*
Birkenpilz, *Boletus scaber*
Kuhröhrling, *Boletus bovinus*
Goldröhrling, *Boletus elegans*
Butterröhrling, *Boletus luteus*
Körnchenröhrling, *Boletus granulatus*
Sandröhrling, *Boletus variegatus*
Rotfußröhrling, *Boletus chrysenteron*
Ziegenlippe, *Boletus subtomentosus*
Maronenröhrling, *Boletus badius*
Schuppenstieliger Hexenröhrling, *Boletus miniatoporus*
Schwärzlicher Täubling, *Russula albonigra*
Grünvioletter Täubling, *R. cyanoxantha*

Grasgrüner Täubling, *R. graminicolor*
Grünschuppiger Täubling, *R. virescens*
Fleischroter Täubling, *R. depallens*
Goldgelber Täubling, *R. aurata*
Graustieliger Täubling, *R. decolorans, spec. claraflava, vinosa*
Apfeltäubling, *R. paludosa*
Ledertäubling, *R. olivacea*
Ockerblätteriger Täubling, *R. alutacea*
Wieselfarbiger Täubling, *R. mustelina*
Milchbrätling, *Lactarius volemus*
Milder Milchling, *L. mitissimus*
Echter Reizker, *L. deliciosus*
Kampfermilchling, *L. camphoratus*
Wohlriechender Milchling, *L. helvus* (nur in Ausnahmefällen, zum Trocknen)
Schwarzkopfmilchling, *L. lignyotus* (nur in Ausnahmefällen)
Perlpilz, *Amanita rubescens*
Ganzgrauer Wulstling, *A. spissa* (nur in Ausnahmefällen)
Runzelschüppling, *Pholiota caperata*
Großer Schirmling, *Lepiota procera*
Rötender Schirmling, *L. rhacodes*
Schopftintling, *Coprinus comatus*
Großer Schmierling, *Gomphidius glutinosus*
Kupferroter Schmierling, *G. viscidus* (nur in Ausnahmefällen)
Waldegerling, *Psalliota silvatia*
Wiesenegerling, *P. campestris*
Schafegerling, *P. arvensis*
Hallimasch, *Amanita mellea*
Stockschwämmchen, *Pholiota mutabilis*
Rauchblätteriger Schwefelkopf, *Hypholoma capnoides* (nur in Ausnahmefällen)
Nebelgrauer Trichterling, *Clitocybe nebularis* (nur junge)
Riesentrichterling, *Cl. geotropa, maxima*
Rußiggestreifter Ritterling, *Tricholoma portentosum*
Grünling, *Tr. equestre*
Nackter Ritterling, *Tr. nudum*
Geselliger (geballter) Ritterling, *Tr. conglobatum*
Waldfreundrübling, *Collybia dryophila* (nur in Ausnahmefällen)
Mehlpilz, *Paxillus prunulus* (nur in Ausnahmefällen)
Kahler Krempling, *Paxillus involutus* (nur die Art des Nadelwaldes)
Gedrungener Dickfuß, *Inoloma crassum* (nur in Ausnahmefällen)
Gelbgestiefelter Schleimkopf, *Phlegmacium triumphans* (nur in Ausnahmefällen)
Lavendelschleimkopf, *Phl. percomis* (nur in Ausnahmefällen)
Habichtspilz, *Hydnum imbricatum*
Trompetenpfifferling, *Cantharellus tubiformis*
Totentrompete, *C. cornucopioides*
Schweinsohr, *Craterellus clavatus*
Gelbe Kraterelle, *Cr. lutescens*
Schafporling, *Polyporus ovinus*

Alle diese neuen Sorten Speisepilze sollen jetzt ebenfalls gesammelt werden.

Wo befindet sich nun die Sammelstelle?
Die Adresse derselben ist folgende:

(Hier wird die Adresse der zuständigen Sammelstelle angegeben)

Ablieferungszeiten: Die Sammler werden gebeten, wenn immer möglich, folgende Ablieferungszeiten einzuhalten:

Montag bis *Freitag:*	Täglich von ½11 Uhr bis 12 Uhr, 13 bis 14 Uhr, 16 bis 19 Uhr, 20 Uhr bis zum Beginn der Dunkelheit
Samstag:	½8 Uhr bis 13 Uhr
Sonntag:	16 bis 19 Uhr, 20 Uhr bis zum Beginn der Dunkelheit.

Mit zunehmender Tageskürze verkürzt sich auch die Kontrollzeit am Abend.

Preis: Unter Vorbehalt anderer Verfügungen der Preisbehörde werden für 1 Kilo (2 Pfund) Pilze gemischt RM 0,40 bezahlt, zuzüglich RM 0,10 pro Kilogramm für besonders gute Reinigung, also zusammen RM 0,50 für ein Kilo Pilze gemischt. Die Auszahlung erfolgt sofort.
(Die angegebenen Preise galten für das Jahr 1943.)

Die gesammelten Pilze sind sauber gereinigt abzuliefern. Reinigt man die Pilze erst zu Hause, dann verschmutzen sich die Pilze im Sammelbehälter gegenseitig derartig, daß eine saubere Reinigung kaum mehr möglich ist. In dieser Hinsicht muß man den genannten Pilzarten bedeutend mehr Aufmerksamkeit schenken als den Eierpilzen (Pfifferlingen).

Der praktische Pilzsammler macht es so:
Er führt einmal immer ein Messer mit. Ist ein Pilz gefunden, dann hebt er ihn mit dem Messer oder mit dem Finger aus der Erde heraus, sofern sich der Pilz nicht herausdrehen läßt, entfernt Nadeln, Gras, Erde, Schnecken usw. Ist der Pilz in einigen Teilen madig (wurmig), so sind die madigen Stellen auszuschneiden. Ausdrücklich merke man sich, daß Stiel und Hut eines Pilzes mit dem Messer nicht abgeschabt bzw. vom Hut die Oberhaut nicht entfernt werden soll. Auch die Röhren (Futter) oder die Lamellen (Blätter) an der Hutunterseite dürfen *nicht* beseitigt werden.

Zusammengefaßt sei also gesagt:

1. Ist der gefundene Pilz in allen Teilen gesund, entferne man nur Erde, Gras, Nadeln, Schnecken usw. Es wäre nur Gewichtsverlust, den Stiel unnötig zu beschneiden.
2. Ist der gefundene Pilz an einer Stelle madig (wurmig), so ist diese aus- bzw. wegzuschneiden.
3. Grundsätzlich werden madige und zu alte Pilze nicht angenommen. Man beachte aber, daß ein großer Pilz durchaus nicht immer alt sein muß. Fühlt sich sein Fleisch fest an, und ist seine Haltung kräftig, so handelt es sich gewöhnlich um ein noch gesundes und brauchbares Exemplar. Es empfiehlt sich, große Exemplare der Länge nach durchzuschneiden, damit man gleich an Ort und Stelle mit Sicherheit feststellen kann, ob das Pilzfleisch mit Maden besetzt ist oder nicht.

Die verschiedenen Pilzsorten sollen nicht aussortiert, sondern untereinander gemischt abgeliefert werden.

Wer kann sich am Sammeln beteiligen?

Grundsätzlich jedermann, auch wenn er nur geringe Pilzkenntnisse besitzt. — *Man meldet sich aber, bevor man mit dem Sammeln beginnt, zuerst bei der Sammelstelle und läßt sich diejenigen Pilzarten zeigen und erklären, die gesammelt werden sollen.* Es sind dies alles Pilzsorten, die meist massenhaft vorkommen und deshalb den Sammlern dem Sehen nach gewöhnlich bereits bekannt sind. Gerade durch das massenhafte Vorkommen dieser bisher nicht gesammelten Pilzarten lohnt es sich, auch für jene Sammler auf ein oder zwei Stunden einen Abstecher in den Wald zu machen, die nur wenig Freizeit haben. Der Waldarbeiter wird also vor und nach der Arbeit sammeln, auf dem Wege zur und von der Arbeit; *5 bis 10 Kilo Pilze sind täglich nebenbei leicht zu sammeln, was einen zusätzlichen Verdienst von RM 2,50 bis 5,— je Tag bringt.*

Bauersleute, die auf dem Feld in Waldnähe arbeiten, sammeln die Pilze während der Arbeitspause oder nach der Arbeit; man ist ja schon in Waldnähe. Auch Kriegsbeschädigte, Rentner, alte Leute, Urlauber können sich mit Pilzsammeln ebenfalls einen schönen Nebenverdienst erwerben. Ganz besonders sind auch Kinder als Sammler sehr willkommen.

Was muß sich der Sammler merken? Die Sammelzeit beginnt Mitte Juli und endet mit dem ersten Kälteeinbruch in der zweiten Hälfte des Oktober. Es gibt Sommer- und Herbstpilze.Die Herbstpilze wachsen erst im September und Oktober und sind nur wenig frostempfindlich. Nur starker Schneefall setzt ihrem Wachsen ein Ende.

Eierpilze (Pfifferlinge) und *Steinpilze* werden nicht aufgekauft, da diese Pilzarten bereits bewirtschaftet sind und an die vom Gartenbauwirtschaftsverband bezeichneten Aufkäufer geleitet werden müssen.

Es ist unerläßlich, daß der Sammler ein festes Sammelgerät zum Sammeln wählt. Die Sammelstelle stellt deshalb Spankörbe zur Verfügung: In Taschen, Rucksäcken und Tüchern zerbrechen die Pilze völlig — nur Eierpilze (Pfifferlinge) machen eine Ausnahme — und werden ganz unansehnlich. Man kann ja in den Rucksack z. B. eine feste Kartonschachtel oder einen Korb stellen oder ein Kistchen, damit die Pilze nicht zerbrechen.

Bei Regenwetter schütze man die Pilze im Sammelkorb durch Zudecken, damit sie nicht völlig durchnäßt werden, was die Haltbarkeit herabsetzt.

Können die gesammelten Pilze nicht mehr am gleichen Tage abgeliefert werden, so sind sie über Nacht luftig und kühl aufzubewahren. Größere Mengen müssen aus dem Sammelkorb herausgenommen werden und flach ausgelegt werden.

Die Bevölkerung will Pilze haben! Helft mit, damit diesem Begehren weitgehend entsprochen werden kann. Für die Unterweisung der Sammler und die Kontrolle der gesammelten Pilze haben sich die besten Pilzkenner des Reiches zum Einsatz freiwillig zur Verfügung gestellt.

Pilzschulung

Im allgemeinen kennt die Bevölkerung nur sehr wenig Arten unserer vielen Speisepilze. In manchen Gegenden z. B. wird nur der Steinpilz und der Pfifferling gesammelt. Dies geschieht weniger aus Interesselosigkeit, als vielmehr aus Unkenntnis und aus Furcht vor Pilzvergiftungen. Diese Unkenntnis, die vielfach nur auf alteingewurzelten Vorurteilen beruht, kann durch Aufklärung beseitigt werden. Denn eine restlose Pilzerfassung und Pilzverwertung ist — das liegt in der Natur der Sache — nur bei Mitarbeit weiter Bevölkerungskreise möglich. Sind doch unsere Wälder, die bis zum Ende des letzten Krieges 25% der gesamten Bodenfläche einnahmen, ziemlich gleichmäßig über das ganze Reichsgebiet verteilt, und in allen Wäldern wachsen Pilze, wenn auch natürlich je nach Klima und Bodenbeschaffenheit Unterschiede in der Ergiebigkeit des Wachstums und in der Vielzahl an Arten bestehen.

Die Pilzkenntnis muß daher in viel stärkerem Maße als bisher zum allgemeinen Bildungsgut der Bevölkerung werden. Sie muß bereits den Kindern in der *Schule* vermittelt werden. Die Kinder müssen durch eigenes Sammeln der Pilze auf Schulausflügen unter sachkundiger Führung so mit den Pilzen vertraut gemacht werden, daß sie die erworbenen Kenntnisse auch im späteren Leben noch verwerten können. In Erkenntnis der Wichtigkeit dieser Forderung bin ich vom Beginn meiner Arbeiten über die Pilzverwertung an immer wieder dafür eingetreten, daß die Pilzkunde obligatorisch im Lehrplan der Schulen verankert wird. Im Jahre 1944 unterstützte das Reichserziehungsministerium meine Bestrebungen und hatte in einem Erlaß an die Unterrichtsverwaltungen der einzelnen Länder darauf hingewiesen, daß die Nahrungswerte in Wald und Flur und ganz besonders die Pilze in viel größerem Umfange als bisher erfaßt werden müßten, und daß vor allem die Schule, die hierfür erforderliche Aufklärungsarbeit zu leisten habe. Nach diesem Erlaß waren also die Lehrer verpflichtet, sich der Pilzaufklärung und Pilzverwertung in besonderem Maße anzunehmen. Sie hatten ihrerseits die Möglichkeit, die ihnen zur Erfüllung dieser Aufgabe etwa noch fehlenden Kenntnisse in besonderen Schulungskursen zu erwerben. Es ist zu hoffen, daß auch in der Nachkriegszeit die obersten Schulbehörden Verständnis für diese Angelegenheit aufbringen und die Einführung der Pilzkunde in den Schulunterricht unterstützen.

Um die *Ausbildung von Pilzkennern und Pilzberatern* hat sich seit Beginn ihres Bestehens die Arbeitsgemeinschaft „Ernährung aus dem Wald" sehr verdient gemacht. Ihr früherer Leiter Dr. Bernhard Hörmann hat der Pilzverwertung stets größtes Interesse und Unterstützung entgegengebracht. Der genannten Organisation ist es zu verdanken, daß das ganze Reich mit einem Netz von Pilzberatern überzogen wurde. Sache der örtlichen Pilzsachverständigen ist es, die durch die Mitarbeit der Schulen geschaffenen Möglichkeiten der Pilzerfassung weitgehend auszuschöpfen. Wie das im einzelnen am besten zu geschehen hat, dafür kann kein starres Schema aufgestellt werden, da die örtlichen Verhältnisse zu verschieden sind. Wenn die für die abgelieferten frischen oder schon getrockneten Pilze bezahlten Geldbeträge den beteiligten Schulen bzw. Schülern anteilsmäßig in irgendeiner Form zugute kommen, so bedeutet das natürlich einen starken Anreiz für den Sammeleifer. Einigen Pilzverwertungsbetrieben ist es auch schon gelungen, mit Hilfe der Schuljugend recht erfreuliche Sammelergebnisse zu erzielen.

Die beste Propaganda bildet natürlich ein gutes mit naturgetreuen farbigen Abbildungen versehenes *Pilzbuch*, das man jederzeit zur Hand hat und das auf alle auftauchenden Fragen Auskunft gibt. Es besteht kein Mangel an derartigen Pilzbüchern. Besonderer Beliebtheit erfreuen sich Michael, „Führer für Pilzfreunde" und Gramberg, „Pilze der Heimat". In letzter Zeit ist nun speziell für den Schulgebrauch von A. Gscheidle ein Heftchen herausgekommen, das sich „Kleine Pilzkunde" betitelt, und das den geringen Preis von DM 1,— hat. Das Buch hat sich zur Aufgabe gestellt, die Pilzkunde bereits in der Schule der Jugend zugänglich zu machen. Der Aufbau des Buches, das zunächst einzelne einfache Pilzarten den Schülern näherbringt und das unter anderem mehrere ausgezeichnete Farbbilder von Pilzen aufweist, ist als sehr anschaulich zu bezeichnen. Der Naturkundelehrer, der das Buch als Lehrbuch für den Unterricht in der Pilzkunde benutzt, kann seine Schüler mit Hilfe dieses Buches sehr instruktiv in die Anfänge der Pilzkunde einführen. Infolge des billigen Preises kann das Büchlein weiteste Verbreitung in den Schulen finden.

Pilzberatungsstellen

In größeren Städten wird es stets möglich sein, eine zentral gelegene Pilzberatungsstelle mit einer anschaulichen Pilzausstellung ins Leben zu rufen. Derartige Pilzberatungsstellen bestehen bereits in vielen größeren Städten unserer Heimat und haben zur Pilzaufklärung sehr viel geleistet. Aus meiner eigenen Erfahrung möchte ich die Einrichtung der Pilzberatungsstelle in Dresden schildern: Sie war so gut aufgezogen, daß sie als Vorbild für die Einrichtung weiterer Pilzberatungsstellen dienen konnte. Die Dresdener Beratungsstelle wurde im Jahre 1942 errichtet und erfreute sich laufend eines außerordentlich starken Zuspruches. Es wurden hier auch Kurse und Vorträge mit Lichtbildern abgehalten, Pilzwanderungen veranstaltet und überhaupt alles getan, um das Interesse der Städter für die Pilze zu wecken und zu steigern.

Die Finanzierung der Pilzberatungsstelle in Dresden, die der Stadtverwaltung angegliedert war, erfolgte in der Weise, daß von jedem Kilo der auf dem Dresdener Pilzmarkt verkauften Pilze ein Pfennig für die

Pilzkontrolle erhoben wurde. Diese Abgabe brachte für den Einzelverbraucher keine fühlbare Verteuerung, ließ aber trotzdem bei einigermaßen durchschnittlichen Umsätzen Geldbeträge zusammenkommen, die die Pilzberatungsstelle von anderen Zuschüssen unabhängig machte. Die minimale Preiserhöhung stand jedenfalls in keinem Verhältnis zu dem Vorteil, der letzten Endes dem Verbraucher zugute kam. Als Leiter der Dresdener Pilzberatungsstelle wurde Oberlehrer Franz Engel eingesetzt, der hier Vorbildliches leistete und sein ganzes in jahrzehntelanger Beschäftigung mit der Pilzkunde gesammeltes Material zur Verfügung stellte.

Als glückliche Ergänzung zu dem Wirken dieser Stelle bestand an der Staatlichen Chemischen Untersuchungsanstalt Dresden eine staatliche Pilzberatungsstelle, die der bekannte Pilzforscher W. Friese ins Leben gerufen hatte und leitete. Auch hier konnte jeder Ratsuchende seine Pilze bestimmen lassen. Insbesondere beschäftigte sich diese staatliche Stelle aber mit Forschungsaufgaben.

Die beiden Dresdener Pilzberatungsstellen haben ihre Aufgaben vorbildlich erfüllt und dazu beigetragen, die Pilzkunde in weite Bevölkerungskreise zu bringen und damit auch an dieser Stelle die Pilzverwertung wesentlich gefördert. Es ist nur zu empfehlen, daß sich viele andere Städte derartige Pilzberatungsstellen schaffen.

Waldbestand und Waldschädigung

Da die Pilze vorwiegend in Lebensgemeinschaft mit den Wurzeln der Waldbäume leben, halte ich es für richtig, auch einiges über Fragen des Waldbestandes und der Waldschädigungen zu berichten. Der Wald dient je bekanntermaßen der Bevölkerung nicht nur zur Ausspannung und Erholung, sondern er beeinflußt auch das Klima, regelt den Wasserhaushalt und schützt vor Bodenabschwemmung. Es muß also alles getan werden, was in unserer Macht steht, um die vorhandenen Waldbestände zu erhalten. Einer der bekanntesten Forstfachleute E. Rohmeder vom Institut für Forstsamenkunde und Pflanzenzüchtung der forstlichen Forschungsanstalt München hat kürzlich in einem von ihm herausgegebenen Buch „Kahlflächen-Aufforstung“ in eindrucksvoller Weise unter anderem die Ursache und den Umfang der im Jahre 1947 in Deutschland vorhandenen Kahlflächen und weiterhin die Notwendigkeit baldiger Aufforstung geschildert. Seine Ausführungen sind von so großer Bedeutung für die Erhaltung des uns jetzt noch zur Verfügung stehenden Waldbestandes, daß sie weitester Verbreitung bedürfen. Ich möchte daher einige besonders wichtige Zahlen und Feststellungen aus dem oben erwähnten Buche zitieren. In der amerikanischen Besatzungszone beträgt die Holzbodenfläche 3329315 ha, davon beträgt die Kahlfläche 1947 123911 ha = 3,7%. In der britischen Besatzungszone beträgt die Holzbodenfläche 1788997 ha, davon sind Kahlfläche 210360 ha = 11,8%. In der französischen Besatzungszone betrug die Holzbodenfläche 831500 ha nach nicht ganz vollständigen Angaben, die Kahlfläche davon betrug 40838 ha = 4,9%. Aus diesen Zahlen geht hervor, daß von den drei Westzonen Deutschlands der Wald der britischen Besatzungszone die größten Opfer hat bringen müssen, weil dort die Waldfläche je Kopf der Bevölkerung am niedrigsten ist. Besonders ungünstig liegen die Verhältnisse im Gebiet von Hamburg und im Land Niedersachsen (Lüneburger Heide). Angaben über den Umfang der Kahlflächen in den Ländern der sowjetischen Besatzungszone konnten nicht erhalten werden. Nach nicht amtlichen Mitteilungen einiger Forstleute sollen die Kahlflächen dort mindestens 10% der Waldfläche betragen, das ergebe etwa 300000 ha, so daß man die Gesamtgröße aller Kahlflächen in Deutschland (außer den polnischbesetzten Gebieten) im Sommer 1947 mit etwa 700000 ha veranschlagen muß. Auch über den Umfang der Kahlflächen in den polnischbesetzten Teilen Deutschlands liegen keinerlei Zahlenangaben vor. Nach Berichten soll der Umfang der Kahlflächen nicht so groß sein wie in der sowjetischen Besatzungszone. Da der Holzeinschlag ununterbrochen fortgesetzt wird, und die Herbstkulturen 1947 nicht den Anfall weiterer Kahlflächen ausgleichen werden, ist die Kahlfläche im Frühjahr 1948 noch erheblich größer, und es bedarf aller Anstrengung, die in absoluten und relativen Zahlen ungeheuer große Fläche ertraglosen Bodens rasch und wirksam zu verringern.

Zu den durch Abholzung, Sturm und Borkenkäfergroßschäden entstandenen Kahlflächen kommen noch erhebliche Flächen Ödland dazu, die der Aufforstung harren. Bei der Holzknappheit, der wir in den nächsten Jahrzehnten entgegengehen, können wir auf die Erzeugung von Holz auf diesen Flächen nicht verzichten. Die Zahlen, die uns E. Rohmeder bringt, sind erschütternd und alarmierend. Wir müßten eigentlich genug gewarnt sein durch die Verhältnisse in Gebieten, in denen der Wald teilweise restlos gerodet und geschlagen wurde, z. B. in den alten Kulturstaaten Südeuropas, Spanien, Italien, Griechenland, aber auch in Teilen von Nordamerika (Nordkarolina, Ohio unter anderem). Hier zeigen sich deutlich die schweren Schäden, die der allgemeinen Landeskultur durch Waldraubbau zugefügt werden können. Mit allen Mitteln müssen wir versuchen, dieser drohenden Gefahr der Verringerung der Waldfläche in Deutschland zu entgehen.

Können wir uns überhaupt unsere Heimat vorstellen ohne die herrlichen Wälder, die so vielen von uns Erholung und Entspannung bringen? Noch viel schlimmer ist es, daß der fehlende Wald stärkste klimatische Veränderungen hervorruft. In jüngster Zeit mehren sich die Nachrichten über den Wasserrückgang der Flüsse, Quellen und Bäche bedenklich. Zum Beispiel haben die starken Abholzungen in der Gegend um Hamburg nach Kriegsende schon in kurzer Zeit den Beweis geliefert, daß der Grundwasserstand sank, viele Brunnen versiegten und die Wasserversorgung gefährdet wurde. Der jahrelange Waldraubbau im Einzugsgebiet des Rheines hat bewirkt, daß der Wasserstand dieses großen Stromes in den letzten Jahren einen auffallenden Rückgang zu verzeichnen hatte. Weiter wird berichtet von einem Versiegen der Quellen im Harz, auch hier liegen die Ursachen in den großflächigen Abholzungen begründet. Um die nachteiligen Folgen der Entwaldung (Verkarstung) ganz energisch zu bekämpfen, ist es notwendig, die Aufforstung der abgeholzten Gebiete in großem Ausmaß durchzuführen. Die deutsche Forstwirtschaft steht hier vor der größten und dringendsten Aufgabe ihrer ganzen Geschichte. Große Schwierigkeiten sind zu überwinden, um die Neuanpflanzungen durchzuführen, das notwendige Saatgut zu beschaffen und genügend Arbeitskräfte für diese Aufgaben zu gewinnen. Viel wird hier an der Initiative jedes einzelnen Forstbeamten liegen. Möge das obenerwähnte Buch von E. Rohmeder weiteste Verbreitung in unserer Bevölkerung finden, damit jeder auf die Gefahren aufmerksam gemacht wird, die unseren Wäldern drohen. Die Nebennutzungen des Waldes werden heute oft unterschätzt. Während z. B. die Holznutzung des deutschen Waldes vor dem Kriege auf 600 Millionen RM jährlich veranschlagt wurde, schätzen Fachleute die aus dem Walde alljährlich zu erzielende Ernte an Pilzen, Beeren, Heilkräutern usw. auf viele hundert Millionen RM. Hinzu kommen noch die Erträge aus der Jagd, die in Geldeswert schwer anzugeben sind.

Der Bestand an deutschen Forsten und Holzungen betrug im Jahre 1938 12,9 Millionen ha, davon waren 72% Nadelholz und von diesem wiederum 61% Kiefer und 35% Fichte. Die jetzige Waldfläche des Rumpfreiches (West- plus Ostdeutschland) beträgt nur noch 10 Millionen ha und der Gesamtholzvorrat knapp 750 Millionen Festmeter statt rund 1 Milliarde wie vorher. Unter den heutigen Verhältnissen dürfte der jährliche Zuwachs höchstens 25 Millionen Festmeter betragen statt 40 Millionen vor dem Kriege.

Europas Nadelholzernte betrug im letzten Vorkriegsjahr fast 500 Millionen Festmeter bei einer Waldfläche von insgesamt rund 275 Millionen ha. Den größten Waldbesitz der Welt weist die Sowjetunion auf mit rund 950 Millionen ha. Ihr folgt Südamerika mit rund 900 Millionen ha, Asien mit rund 850 Millionen, Nordamerika mit 550 Millionen, Afrika mit 310 Millionen und Australien mit nur 115 Millionen ha. Insgesamt umfaßt die mit Wald bewachsene Fläche der Erde rund 3 Billionen ha, wovon in Europa 66% aus Nadelwald bestehen, in Nordamerika 74%, in Asien 44% und in Afrika nur 1%.

Sind nun durch das Wachstum der Pilze irgendwelche Gefahren für den Bestand des Waldes zu befürchten? Von verschiedenen Seiten ist geäußert worden, daß durch eine radikale Erfassung der Pilze dieselben in absehbarer Zeit ausgerottet würden, und dadurch der biologische Gleichgewichtszustand im Haushalt des Waldes eine noch nicht vorherzusehende Störung erleiden werde. Hierzu ist folgendes zu sagen: Es wird selbst bei stärkster Sammeltätigkeit nicht möglich sein, alle Pilze zu erfassen. Es wird immer noch eine sehr große Anzahl Pilze im Walde stehen bleiben. Wer selbst Pilzsammler ist, der weiß, daß er besonders im Sommer von zehn guten Speisepilzen manchmal neun wegen Vermadung wieder wegwerfen muß. Erst vom September ab kann man damit rechnen, mehr gesunde als vermadete Exemplare zu finden. Es bleiben also stets noch genug Sporenträger im Walde, um eine Fortpflanzung zu gewährleisten. Die Pilze sind ja nicht die eigentlichen Pflanzen, sondern nur das Fortpflanzungsorgan. Die eigentliche Pflanze ist das Pilzmyzel, das unterirdisch wächst und wie die Berechnungen aus Hexenringen ergaben, bei manchen Arten weit über 100 Jahre alt werden kann. Unter Hexenringen versteht man aus Hutpilzen gebildete Ringe, die dadurch entstehen, daß die Pilzmyzelien von einem Punkte nach beiden Seiten fortwachsen.

Viel bedenklicher ist es, der Pilzpflanze ihren Nährboden zu entziehen, wie es in landwirtschaftlichen Gegenden sehr oft geschieht. Das abgefallene Laub und die Nadeln, die als humusbildende Schicht ein wesentliches Substrat für das Pilzwachstum bedeuten, werden als Streu gesammelt und somit der Waldwirtschaft entzogen. Wenn aber den Pilzen das Nährsubstrat entzogen wird, können sie nicht mehr weiterwachsen.

Die Bedenken einer Schädigung des Waldhaushaltes durch das Pilzwachstum werden von der Forstverwaltung nicht geteilt. Im Gegenteil bringt diese der Pilzverwertung das größte Interesse entgegen. Durch Landesforstmeister Ortegel wurde sogar auf unsere Anregung hin im Jahre 1939 inmitten eines pilzreichen Waldgebietes die erste große Versuchsanlage für Pilzverwertung in Waldow bei Cottbus errichtet, die von Anfang an unter der Leitung des bekannten Konservenfachmannes Kommerzienrat A. Naumann stand. Eine ausführliche Beschreibung der Anlage und ihrer Entwicklung folgt in einem besonderen Kapitel dieses Buches. Die Anlage diente zunächst Forschungsaufgaben, wurde dann aber später unter Förderung des Ernährungsministeriums zu einem regelrechten Fabrikbetrieb ausgebaut, der sich durch die dort durchgeführte Umarbeitung von getrockneten Pfeffermilchlingen in Pilzextrakt und Pilzpulver finanziell selbst trug. Der jetzt in der sowjetischen Besatzungszone liegende

Betrieb soll seine Arbeiten wieder aufgenommen haben; näheres über die jetzt dort durchgeführte Fabrikation war nicht zu erfahren.

Eine Zukunftsaufgabe der Forstverwaltung wäre es, zu versuchen, ob man nicht die Waldschädlinge wie Hallimasch und grünblättrigen Schwefelkopf vielleicht durch den graublättrigen Schwefelkopf oder das Stockschwämmchen ersetzen könnte. Falls dies gelingen sollte, würde es zweifellos eine Wertsteigerung unseres Waldbestandes bedeuten. Die Schwierigkeiten, die sich der Durchführung eines solchen Unternehmens entgegenstellen, sind groß; immerhin ist vielleicht durch diesen Gedanken die Anregung gegeben, einmal in kleinem Maßstabe entsprechende Versuche anzustellen.

Nährwert der Pilze

Die Pilze nehmen in unserer Ernährung eine Sonderstellung ein. Nährwertmäßig setzt man sie wohl den besseren Gemüsen gleich, jedoch unterscheiden sie sich von ihnen durch verschiedene andere Bestandteile. Bekanntlich enthalten die Pilze sehr viel Wasser, etwa 88—92%, aber ihre Trockensubstanz besteht zu $\frac{1}{4}$—$\frac{1}{3}$ aus Eiweißstoffen, neben denen größere Mengen von Kohlenhydraten, physiologisch wichtigen Salzen und Vitamine vorhanden sind. Nach J. König wurde für eine Anzahl von Frischpilzen folgende Zusammensetzung ermittelt:

Tabelle I

Pilzart	Wasser %	Stickstoffsubstanz %	Fett %	Kohlenhydrate %	Rohfaser %	Asche %	Kalorien in 100 g Substanz
Champignon	89,70	4,88	0,20	3,57	0,83	0,82	26
Pfifferling	91,42	2,64	0,43	3,81	0,96	0,74	21
Reizker	88,77	3,08	0,76	3,09	3,63	0,67	22
Nelkenschwindling	83,37	6,83	0,67	6,06	1,52	1,55	41
Steinpilz	87,13	5,39	0,40	5,12	1,01	0,95	33
Butterpilz	92,63	1,48	0,27	3,95	1,22	0,45	17
Schafeuter	91,63	0,96	0,58	4,27	1,80	0,76	18
Semmelstoppelpilz	92,68	1,79	0,34	3,47	1,03	0,69	17
Speiselorchel	89,5	3,17	0,21	5,43	0,71	0,98	25
Speisemorchel	89,95	3,28	0,43	4,50	0,84	1,01	25
Trüffel	77,06	7,57	0,51	6,58	6,36	1,92	44

Zu dieser Zusammensetzung von frischen Pilzen ist noch zu bemerken, daß sie je nach Standort und Entwicklungsstufe größere Unterschiede aufweisen. Zu berücksichtigen ist noch, daß die Analysenwerte in der Tabelle von König älteren Datums sind. Zu dieser Zeit wurden vermutlich Lamellen und Röhren der Pilze entfernt. Gerade diese

Teile sind aber am eiweißreichsten. Der wesentlichste Nährstoff der Pilze ist das Eiweiß. Das Pilzeiweiß kann man nicht als rein physiologisches Pflanzeneiweiß bezeichnen und als solches im Gegensatz zu dem höherbewerteten tierischen Eiweiß stellen. Die Pilze sind Organismen, die auf so niedriger Entwicklungsstufe in der Natur stehen, daß man auf Grund ihres Verhaltens und ihrer Zusammensetzung zu dem Schluß kommt, daß das Pilzeiweiß ein Mittelding zwischen pflanzlichem und tierischem Eiweiß darstellt, denn in den Pilzen sind außer dem Chitin auch Harnstoff und Glykogen nachgewiesen worden, alles Stoffe, die dem Pflanzenreich fehlen. Bereits der Laie, der im Walde einen in Verwesung begriffenen Pilz in die Hand nimmt, merkt hier sofort, daß es sich nicht um eine verwesende Pflanze handelt, sondern eher um ein faulendes Stück Fleisch. Deshalb werden die Pilze nicht mit Unrecht auch als „Fleisch des Waldes" bezeichnet.

Die Eiweißstoffe der Pilze wurden früher als schwerverdaulich angesehen. Diese Schwerverdaulichkeit ist aber gewöhnlich nur eine Folge von schlechter Zubereitung und ungenügender Zerkleinerung der Pilze. Eine Reihe von künstlichen Verdauungsversuchen, die mit gemahlenen Trokkenpilzen verschiedener Art angestellt wurden, ergaben Eiweißverdaulichkeitswerte von 70—80%. Näheres darüber habe ich im Kapitel „Pilzpulver aus Trockenpilzen" ausgeführt. Zu ähnlichen Werten, nämlich zu 72—83% Eiweißverdaulichkeit, gelangte Lintzel bei von ihm veröffentlichten Stoffwechselversuchen, die er 1941 im physiologisch-chemischen Institut der Universität Jena an verschiedenen Personen durchgeführt hat. Bei diesen Versuchen hat er außer der wahren Verdaulichkeit auch die biologische Wertigkeit und den physiologischen Nutzwert des Pilzeiweißes bestimmt.

Aus seinen interessanten Feststellungen entnehme ich noch folgende Ausführungen, zunächst eine aufschlußreiche Tabelle über die Verdaulichkeit des Eiweißes der Frischpilze.

Tabelle II

Pilzart	Gesamt-Eiweiß %	Verdauliches Eiweiß %	Verdaulichkeit %
Champignon	5,94	4,82	88,5
Boviste	5,37	4,00	74,1
Trichterlinge	2,99	2,64	87,7
Milchlinge	2,18	1,71	78,2
Keulenpilze	2,69	2,10	79,2
Pfifferlinge	1,87	1,38	72,2
Röhrlinge außer Steinpilz	1,74	1,38	77,9
Ritterlinge	1,60	1,08	70,00

Nach dieser Tabelle sind Champignons und Boviste als ausgesprochen eiweißreich (über 5%) anzusprechen. Röhrlinge, Ritterlinge und Pfifferlinge sind ausgesprochen eiweißarm (unter 2%). Besonders eiweißreich ist auch der Parasolpilz (5,6%). Unter den Röhrlingen ist der eiweißreiche Steinpilz (5,39%) eine Ausnahme. In der Verdaulichkeit der Stickstoffsubstanz sind gewisse Unterschiede ersichtlich und zwar scheinen die eiweißarmen Pilze im allgemeinen zugleich geringere Verdaulichkeit aufzuweisen. Die unverdauliche Stickstoffsubstanz ist vor allem Chitin, so daß besondere Zubereitung der Pilze und andere die Verdaulichkeit günstig beeinflussende Faktoren hier eine Grenze finden.

Aus den Zahlen für die biologische Wertigkeit ist zu entnehmen, daß Pilze wertvolles Eiweiß für die menschliche Ernährung enthalten. Der physiologische Nutzwert zeigt an, daß Pilzeiweiß qualitativ hinter Fleischeiweiß nur wenig zurücksteht. Würde man allerdings versuchen, nur aus Pilzen den täglichen Eiweißbedarf zu decken, so müßten je nach dem Eiweißgehalt rund ein bis zwei Kilo verzehrt werden; in Anbetracht des Wasserreichtums der Pilze entspricht dies 100—200 g Trockensubstanz. Lintzel kommt dann zu der Feststellung, daß die Bedeutung der Pilze für unsere Ernährung darin liegt, daß sie wertvolles Eiweiß ohne erhebliche Mengen kalorisch wirksamer Nährstoffe enthalten, so daß sie geeignet sind, eine kalorienreiche, eiweißarme, pflanzliche Nahrung, besonders Kartoffel- und Getreidenahrung, mit Eiweiß anzureichern, wozu sonst besonders Fleisch, in gewissem Grade auch die eiweißreichen Gemüsearten, verwendet werden.

Die vorzügliche Eignung der eßbaren Pilze, als Eiweißträger in unserer Ernährung Verwendung zu finden, ist auf Grund der Untersuchungen und Befunde Lintzels nicht zweifelhaft.

Wie sich die Pilze als Eiweißträger in die Reihe gebräuchlicher Nahrungsmittel einfügen, ergibt sich aus der folgenden Zusammenstellung Lintzels, die sich auf die unmittelbar vergleichbaren Werte der Trockensubstanz bezieht (siehe Tabelle III).

Die sehr interessanten Feststellungen Lintzels decken sich also durchaus mit denen von mir in bezug auf die Verdaulichkeit des Eiweißes der Pilze erhaltenen Resultate. Es ist somit erwiesen, daß Pilze sehr gut geeignet sind, den verhältnismäßig niedrigen Eiweißgehalt pflanzlicher Kost wesentlich zu erhöhen und als vorzüglicher Eiweißträger an die Stelle von Fleisch oder anderen animalischen Nahrungsmitteln zu treten. Ein Kilo Frischpilze enthält so viel verdauliches Eiweiß, wie etwa 150 g frisches Fleisch, ganz abgesehen davon, daß wir uns Nähr- und Genußwerte noch zusätzlich in Form von Kohlenhydraten und Mineralstoffen zuführen.

Tabelle III

Lebensmittel	Gesamt-Eiweiß % in der Trockensubstanz	Verdauliches Eiweiß % in der Trockensubstanz	Lebensmittel	Gesamt-Eiweiß % in der Trockensubstanz	Verdauliches Eiweiß % in der Trockensubstanz
Fleisch	83,7	82,8	Keulenpilze	27,7	21,9
Champignon	51,9	45,9	Milchlinge	26,1	20,4
(ähnlich Steinpilz			Ritterlinge	24,3	17,0
und Parasolpilz)			Pfifferlinge	22,8	16 6
Boviste	48,5	35,8	Röhrlinge	20,0	15,6
Trichterlinge	32,9	28,8	(außer Steinpilz)		
Spinat	34,5	25,0	Roggenbrot	10,7	9,0
Hülsenfrüchte	26,3	23,4	Kartoffeln	8,0	7,3

Neben den Eiweißstoffen, die bei der Beurteilung des Nährwertes der Pilze an erster Stelle stehen, enthalten die Pilze beträchtliche Mengen von Kohlenhydraten. Als besondere Kohlenhydrate befinden sich in den frischen Pilzen Mannit und Trehalose. Die Kohlenhydrate machen neben dem Eiweiß einen wesentlichen Teil der Pilzsubstanz aus. Natur und Aufbau dieser Stoffe sind noch wenig erforscht. Im Kapitel „Pilze als Futtermittel" wird eingehend über Fütterungsversuche berichtet, die aufzeigen, daß den Kohlenhydraten der Pilze ein erheblicher Nährwert innewohnt. Will man sie genauer untersuchen, so muß man vorher die Eiweißsubstanzen und andere störende Stoffe entfernen. In den letzten Kriegsjahren liefen in der Dresdener Chemischen Untersuchungsanstalt Versuche zur Isolierung und Identifizierung der Kohlenhydrate in den Pilzen. Durch den Abschluß des Krieges mußten die Versuche leider unterbrochen werden. Der Fettgehalt (Ätherauszug) schwankte zwischen 0,1 bis 0,7%. Näheres über die Zusammensetzung des Fettes bringe ich in dem Kapitel „Chemismus der Pilze". Nährwertmäßig ist der Fettgehalt der Pilze von geringer Bedeutung.

Wesentlich wichtiger ist jedoch der verhältnismäßig hohe Gehalt der Pilze an *Mineralstoffen.* Dieser ist jedoch vom Bodenuntergrund der Fundstelle und von der Bewaldungsart abhängig. Die Einzelbestandteile der Pilzaschen verschiedener Pilzarten schwanken innerhalb recht erheblicher Grenzen. Der mineralstoffreichste Teil ist die Hutoberhaut. Die Stiele enthalten weniger Mineralstoffe. Die wesentlichsten Bestandteile der Mineralstoffe sind Kali und Phosphorsäure, also Stoffe, die für den menschlichen Körper unentbehrlich sind. Außerdem überwiegen die basischen Bestandteile die sauren, was ernährungsphysiologisch als ein Vorzug zu betrachten ist. Beim Fleisch liegen die Verhältnisse in bezug auf den Mineralstoffgehalt gerade umgekehrt, und es ist eine bekannte Tatsache, daß übermäßiger Fleischgenuß dem Körper nicht gerade zuträglich ist, sondern besonders bei älteren Personen leicht rheumatische oder gichtige Erkrankungen auslösen kann. An weiteren Mineralstoffen konnte in allen Pilzen Mangan festgestellt werden. Der Eisengehalt beträgt etwa das zehnfache des Mangangehaltes.

Über den *Vitamingehalt* der Pilze liegt eine ganze Anzahl von Untersuchungen vor. Charakteristisch und bedeutungsvoll ist der Gehalt der Pilze an dem antirachitischen Vitamin D. Hier hat Scheunert ausführliche Arbeiten durchgeführt und veröffentlicht. Er kommt zu dem Ergebnis, daß im Steinpilz, Pfifferling und Lorchel Vitamin D enthalten ist. Wirksamkeit von 1 g frischer Substanz bei Steinpilz und Pfifferling 0,83, bei Lorchel 1,25 internat. Vitamin-D-Einheiten. Feldchampignon enthält viel weniger Vitamin D und zwar im Dunkeln gewachsen 0,21, im Freien 0,65 internat. Vitamin-D-Einheiten. Dieser Gehalt an Vitamin D ist auch in den Konserven enthalten.

Der Vitamin-D-Gehalt kann als allgemeine Eigenschaft der Pilze angesehen werden, da auch ein aus zahlreichen verschiedenen Pilzarten zusammengesetztes Pilzpulver sich in gleichen Grenzen haltende Vitamin-D-Wirkung aufwies. Der Vitamin-D-Gehalt ist bemerkenswert, weil dieses Vitamin in den sonstigen frischen Nahrungsmitteln (Gemüse) nur vereinzelt und dann meist nur in Spuren nachgewiesen werden kann. Durch den Vitamin-D-Gehalt besitzen die Pilze ernährungsphysiologisch erhebliche Bedeutung. Als Vergleichszahl für den wirksamen Vitamin-D-Gehalt nennt Scheunert im Optimum 100 internat. Einheiten. Als Einzelwerte für den Vitamin-D-Gehalt können als Vergleichszahlen für andere Nahrungsmittel folgende Werte gegeben werden: Kuhmilch in 100 g 2 internat. Vitamin-D-Einheiten, Eidotter in 100 g 300 internat. Vitamin-D-Einheiten, Butter in 100 g 40 internat. Vitamin-D-Einheiten.

Außer Vitamin D enthalten alle Pilze, wenn auch in wechselnder Menge, Vitamine der B-Gruppe. B_1 wurde in Champignons in Mengen von 50 bis 100 γ in 100 g festgestellt. Ferner fand Willstaedt/Upsala B_1 im Reizker und im Habichtspilz und B_2 und Nikotinsäure bei 12 verschieden untersuchten Arten in mehr oder weniger großer Menge. Eigene Untersuchungen silierter Pilze, die eine Milchsäuregärung durchgemacht hatten, ergaben folgende Werte: in 100 g Pilzen 24 γ Vitamin B_1 und 7,3 mg Nikotinsäureamid (zur Vitamin-B-Gruppe gehörig). In 100 ccm des Pilzsaftes 24 γ Vitamin B_1 und 0,85 mg Nikotinsäureamid.

Der Vitamin-A-Gehalt ist nach A. Scheunert und Reschke bei Pfifferlingen sehr hoch (hoher Karotingehalt), während Maronenröhrling, Steinpilz und Grünling keinen oder sehr geringen Vitamingehalt aufweisen. Eine Einbuße an Vitamin A findet bei der Zubereitung der Pfifferlinge (Sterilisation) nicht statt. Vitamin C scheint in allen Pilzen zu fehlen oder konnte jedenfalls nur in Spuren festgestellt werden. Nach neueren Mitteilungen gibt Lund für Pfifferlinge 7,6—14, für Semmelstoppelpilz 5, für Schafeuter 6 und für Steinpilz 2,5 mg% Gehalt an Vitamin C an. Bei der Konservierung gehen 50—70% des Vitamins verloren. Die Gehalte des Pfifferlings sind erheblich, wenn man vergleichsweise die Werte für Kartoffeln mit 9—15, für Bohnen mit 5, Erbsen mit 13, Birnen, Brombeeren, Heidelbeeren und Äpfel mit 4—14 mg% Gehalt an Vitamin C angibt.

Von den weiteren Bestandteilen der Pilze sind noch Enzyme zu nennen, die zahlreich vertreten sind. Es sind Diastasen, Lipasen, Trehalasen, proteolytische Fermente, Oxydasen und andere zu nennen.

Die unverdauliche Zellsubstanz der Pilze ist als Anregungsmittel der Darmtätigkeit zu werten.

Wenn man also die Pilze hinsichtlich ihrer Zusammensetzung betrachtet, so kann man feststellen, daß es sich insbesondere in Form von Trockenpilzen um hochwertige Nahrungsmittel handelt, denen außerdem infolge ihres Aromas ein hoher Würzwert innewohnt.

Zum Abschluß des Kapitels bringe ich in einer Tabelle die Zusammensetzung und den Nährwert der Pilze im Vergleich zu anderen Lebensmitteln.

Tabelle IV

Lebensmittel	Wasser	Stickstoffsubstanz	Fett	Kohlenhydrate	Rohfaser	Mineralstoffe	Kalorien in 100 g Substanz
Steinpilz, frisch	87,0	5,4	0,4	5,2	1,0	1,0	34
Champignon, frisch	90,0	4,8	0,2	3,5	0,8	0,8	28
Pfifferling, frisch	91,5	2,6	0,8	3,5	1,0	0,7	23
Steinpilz, getrocknet	12,8	36,7	2,7	34,5	6,9	6,4	221
Kartoffel	74,9	2,0	0,1	20,9	1,0	1,1	91
Möhre	86,8	1,2	0,3	9,0	1,7	1,0	34
Weißkohl	92,1	1,5	0,1	4,2	1,2	1,9	24
Spinat	93,4	2,2	0,3	1,7	0,5	1,9	25
Spargel	95,4	1,6	0,1	1,7	0,6	0,6	17
Gurken	95,2	1,2	0,1	2,3	0,8	0,4	8
Apfel	84,8	0,4	—	12,9	1,5	0,5	58
Birne	83,0	0,4	—	12,0	4,3	0,3	56
Rosine	32,0	2,4	0,6	62,0	1,7	1,2	277
Roggenbrot	42,3	6,1	0,4	49,3	0,5	1,5	227
Weizenbrot	35,6	7,1	0,5	56,6	0,3	1,1	255
Milch	87,2	3,5	3,7	4,8	—	0,7	62
Butter	13,6	0,7	84,4	0,6	—	0,7	752
Ei	73,7	12,5	12,1	0,5	—	1,1	152
Rindfleisch	72,0	21,0	5,5	0,5	—	1,0	141
Kalbfleisch	72,3	19,0	7,5	0,1	—	1,4	140
Schweinefleisch	47,5	14,5	37,3	—	—	0,7	380
Leber	71,5	20,0	3,5	3,5	—	1,5	119
Hase	74,1	23,4	1,1	0,2	—	1,2	91
Schellfisch	81,5	16,9	0,3	—	—	1,2	70
Hering	46,2	18,9	16,9	1,6	—	1,4	167

Chemismus der Pilze

Es ist vielleicht auch für den Nichtchemiker einmal ganz interessant, etwas über die chemische Zusammensetzung der Pilze zu hören. Ihr Hauptnährwert liegt, wie schon mehrfach erwähnt, in ihrem Gehalt an *Eiweißstoffen* (Stickstoffverbindungen).

Außer den wichtigen Eiweißstoffen, den Aminosäuren, den Amiden und dem Chitin sind in den Pilzen viele Amine aufgefunden worden, so z. B. das sehr verbreitete Cholin.

Ein wichtiger stickstoffhaltiger Hauptbestandteil der Pilze ist das Chitin. Die Gerüstsubstanz der Pilze, die noch verhältnismäßig mangelhaft erforscht ist, besteht aus Chitin, während Cellulose durchgängig zu fehlen scheint. Chitin ist auch der wesentliche Bestandteil der Körperhülle der Gliedertiere, wie z. B. Krebstiere, Insekten. Reines Chitin wurde zuerst von Scholl (1908) aus Steinpilzen in einer Ausbeute von 5—6% der Pilztrockenmasse gewonnen. Später wurde es nach dem Verfahren von Scholl auch aus anderen Pilzen isoliert und zwar mit ähnlichen Ausbeuten. Es ist noch nicht sicher, ob es ein Bestandteil aller Pilze ist. Weiter läßt sich in allen höheren Pilzen Urease nachweisen. Urease ist ein Ferment, das Harnstoff zu spalten vermag. Von weiteren Fermenten sind in den Pilzen noch Maltase, Katalase, Trehalase, Glykogenase, Amylase, Lipase und Proteinase aufgefunden worden. Wo Urease ganz fehlt, oder wo sie nur in geringen Mengen vorhanden ist, findet sich in den Pilzen in wechselnder Menge Harnstoff.

N. N. Iwanoff konnte bei seinen Untersuchungen feststellen, daß in einigen Pilzen eine große Harnstoffanhäufung festzustellen war, und zwar kam etwa die Hälfte des gesamten Stickstoffs im Pilz dem Harnstoff zu. Die Harnstoffbildung verläuft in lebenden Pilzen und stellt einen wichtigen physiologischen Prozeß der Pflanze dar. Im Pflanzen- und Tierorganismus erscheint als Endprodukt des Eiweißstoffzerfalles das Ammoniak, das bei der Oxydationssynthese in der Leber der Tiere in Harnstoff, aber bei grünen Pflanzen bei Kohlenhydratmangel in Amide (Asparagin und Glutamin) übergeht. In dieser Hinsicht kommen die Pilze den Tieren näher, weil bei ihnen aus Ammoniak Harnstoff bald als Vorratsprodukt (bei Bovist) bald als Abfallprodukt (bei Champignons) synthetisiert wird. Interessant ist, daß alle Pilze auch die eßbaren in angefaultem Zustande Neurin enthalten, das durch Zersetzung des obengenannten Cholins entsteht. Neurin ruft Krankheitsbilder hervor, die der reinen Muskarinvergiftung ähneln. Näheres über Muscarin am Schluß dieses Kapitels.

Der *Fettgehalt* (Ätherextrakt) in den frischen Pilzen ist äußerst gering. Er schwankt zwischen 0,1 und 0,7%. Dagegen beträgt er in den getrockneten Pilzen 0,8—7,0%. Über die einzelnen Pilzfette hat J. Zellner umfangreiche Untersuchungen durchgeführt. Er stellt fest, daß sämtliche Pilzfette halbfeste Konsistenz besitzen und aus einem öligen und einem kristallisierten Anteil bestehen. Alle Pilzfette haben eine sehr hohe Säurezahl, enthalten also reichlich freie Fettsäuren. Die Pilzfette sind phosphorhaltig, dieser Phosphorgehalt erklärt sich durch die Anwesenheit von Lecithin, das bisweilen in erheblicher Menge aufgefunden wurde. Die Untersuchung des Fliegenpilzöles ergab, daß es von dünnflüssiger, brauner Farbe war mit geringer grünlicher Fluoreszenz. Außer Öl- und Palmitinsäure wurden Lecithin und Ergosterin (Provitamin D) gefunden. Als besondere *Kohlenhydrate* finden sich in den Pilzen Mannit und Trehalose. 2—3 Stunden nach dem Ernten der Pilze wird die Trehalose durch die Trehalase, ein in den Pilzen vorhandenes Enzym, zu Glucose hydrolisiert. Saccharose (Rohr- oder Rübenzucker) und Stärke fehlen in den Pilzen vollständig, während Traubenzucker allgemein verbreitet zu sein scheint. An weiteren Kohlenhydraten der Pilze sind Glykogen, Pektinkörper und die Zellulosesubstanz Mykosin zu nennen, die sich von allen Pflanzenzellulosen durch den Gehalt an Stickstoff unterscheidet und nahe Verwandtschaft mit dem Chitin zeigt.

Die *Mineralstoffe* der Pilze sind vor allem reich an Phosphorsäure und Kalium, während die übrigen Mineralbestandteile meist sehr zurücktreten und außerdem ziemlich schwankende Werte zeigen. W. Friese stellte fest, daß gleiche Pilzarten je nach ihrer Herkunft verschiedenartig zusammengesetzte Mineralstoffe enthalten. Neben anderen Faktoren besteht Abhängigkeit vom Bodenuntergrund der Fundstelle und von der Bewaldungsart. Die Einzelbestandteile der Pilzaschen verschiedener Pilzarten schwanken in recht erheblichen Grenzen. Der mineralstoffreichste Teil ist die Hutoberhaut, die Stiele enthalten weniger Mineralstoffe. Mangan konnte in allen Pilzen festgestellt werden. Der Eisengehalt beträgt etwa das 10fache des Mangangehaltes. Auch Kupfer wurde in geringen Mengen nachgewiesen.

An *Säuren* ist als die wichtigste in den Pilzen vorkommende Säure die Oxalsäure in Form ihres Calziumsalzes zu nennen; außerdem ist vielfach Fumarsäure vorhanden. Die Helvellasäure der Lorcheln hat giftige Eigenschaften, sie kann aber durch Abbrühen der Pilze entfernt werden, da sie wasserlöslich ist.

Die *Riechstoffe*, die aus den Pilzen gewonnen werden, sind sehr oft von anderer Art wie der Eigengeruch der Pilze. Manche völlig geruchlosen Pilze liefern sehr stark riechende Öle, so daß man vermuten muß, daß diese Öle nicht im Pilz vorgebildet sind, sondern erst bei der Behandlung mit Wasser oder schwachen Alkalien durch fermentative Spaltung entstehen. Interessante Untersuchungen darüber hat D. Aye angestellt. Er stellte fest, daß die Ausbeuten bei der Gewinnung der ätherischen Öle aus Pilzen außerordentlich gering waren mit Ausnahme des Mousseron (Knoblauchpilz). Das Ausschütteln der ätherischen Öle geschah mit Petroläther. Durch Wasserdampfdestillation konnte D. Aye aus dem Anisriechling (Trametes suaveolens) ein intensiv riechendes Öl gewinnen, welches bei der Verseifung Anissäure lieferte. Auch aus Champignon und Steinpilz wurden aromatisch riechende braungefärbte Öle gewonnen. Die Ausbeute betrug beim Champignon 0,012 g Öl in 1 Kilo. Die Riechstoffe der Pilze sind ohne Zweifel von großer Bedeutung für ihre Verwendung als Aromaträger. Näheres darüber berichte ich in dem Kapitel „Pilze als Würzmittel".

Verfärbung der Pilze bei Anbruch ist darauf zurückzuführen, daß in den Pilzen Stoffe vorhanden sind, die phenolartigen Charakter haben. Gleichzeitig befindet sich in den Pilzen ein Ferment, das die Oxydation dieser Polyphenole durch den Luftsauerstoff vermittelt. Hierbei bilden sich Chinone, die sich durch ihre auffallende Färbung auszeichnen. Diese Verfärbungen, die sich bei einer Anzahl von Pilzen wie Maronenröhrling, Satanspilz, Echter Reizker usw. bei Verletzungen zeigen, sind keineswegs ein Anzeichen, daß der Pilz giftig oder gesundheitsschädlich ist, vielmehr handelt es sich hier um fermentative Vorgänge. Der geringe Farbstoffgehalt, die schwierige Beschaffung und die Hinfälligkeit des Ausgangsmaterials hemmen auch heute noch eine eingehende chemische Bearbeitung der Farbstoffe in den Pilzen. Kögl und seine Mitarbeiter haben bisher bei den höheren Pilzen nur stickstoffreie Verbindungen vom Oxychinontyp angetroffen. Kögl hat auch den rotgelben Farbstoff des Fliegenpilzes isoliert, den man als Muscarufin bezeichnet. Aus 300 Kilo Fliegenpilzen gewinnt man durch Alkoholextraktion und nachherige komplizierte Reinigung etwa 0,8 g Muscarufin. Er hat ferner den Farbstoff Boletol aus dem Satanspilz und dem Maronenröhrling untersucht. Die Darstellung dieses in reinem Zustande roten Farbstoffes geschieht ebenfalls durch Alkoholextraktion und einer sehr schwierigen Reinigung. Aus 20 Kilo Satanspilzen gewinnt man rund 1 g dieses Farbstoffes, aus 70 Kilo Maronenröhrlingen 0,19 g Boletol. Die Grünfärbung der frischen Bruchfläche des Echten Reizkers erklärt sich vielleicht aus einer Kombination des gelben Pigmentes mit dem blauroten, das sich anscheinend erst an der Luft bildet.

Pilzvergiftungen durch *Pilzgifte* sind meistens nur die Folge großer Leichtfertigkeit und Unkenntnis. Die Zahl der Todesfälle durch Genuß von Giftpilzen wird im allgemeinen stark überschätzt. Sie beträgt im Jahresdurchschnitt gegenwärtig in Deutschland etwa 30, während sie vor etwa 40 Jahren rund 100 betrug. Ohne Zweifel hat hier die intensive

Pilzschulung und Aufklärung schon Erfolge gezeigt. Jedenfalls steht diese geringe Zahl von Todesfällen in keinem Verhältnis zu der ungeheuren Menge der verwerteten Pilze. Ich möchte hier insbesondere kurz die *Gifte* beschreiben, die im Grünen Knollenblätterschwamm, der mindestens 90% aller Pilzvergiftungen mit tödlichem Ausgang hervorruft, im Fliegenpilz und im Pantherpilz vorhanden sind.

Im Jahre 1937 wurde aus dem Knollenblätterpilz durch Wieland und Lynen ein Giftstoff chemisch rein dargestellt, den man als Phalloidin bezeichnete. 1941 gelang es Wieland und Hallermayer, das Hauptgift Amanitin darzustellen, das noch 10mal stärker wirkt. Bereits der 200000. Teil eines Grammes von reinem Amanitin genügt, um eine Maus zu töten. Die Gegenmaßnahmen bei Vergiftungen durch den Grünen Knollenblätterpilz sind deshalb sehr schwierig, weil die Vergiftungserscheinungen nach dem Genuß dieses Pilzes sich erst nach 10—30 Stunden äußern. Das Gift hat dann die Verdauungsorgane größtenteils verlassen und ist in die Blutbahn übergegangen. Auch im Fliegenpilz und im Pantherpilz sind zwei Gifte vorhanden und zwar das Hauptgift, das Pilzatropin, und ein Nebengift, das Muscarin. Zum Unterschied vom Grünen Knollenblätterschwamm verlaufen die Vergiftungen hier nur in Ausnahmefällen tödlich. Das Pilzatropin beeinflußt vor allem das Großhirn und bewirkt rauschähnliche Zustände, Wahnvorstellungen, Tobsuchtsanfälle, Sehstörungen sowie teilweise völlige Bewußtlosigkeit.

Das Muscarin, das meist in geringer Menge vorhanden ist, verursacht Übelkeit, starken Schweißausbruch, schwachen Puls, Atemnot, vielfach auch Waden- und Magenkrämpfe. Die vielfach geäußerte Ansicht, daß der Fliegenpilz und Pantherpilz nach Entfernung der Oberhaut ohne Schaden gegessen werden können, ist nicht zutreffend. Während Fliegenpilzvergiftungen selten vorkommen, weil der Pilz durch sein Äußeres jedem bekannt ist, ereignen sich Pantherpilzvergiftungen verhältnismäßig häufig. In diesem Zusammenhang ist es interessant, zu berichten, daß der Fliegenpilz in Sibirien von dort wohnenden Stämmen wie Samojeden, Kamtschadalen usw. als berauschendes Genußmittel verwendet wird. Da es nur in geringen Mengen zur Verfügung steht, und da es der dortigen Bevölkerung an anderen Möglichkeiten sich zu zerstreuen mangelt, ist das Fliegenpilzgift dort ein kostbarer Handelsartikel. Bei den Korjäken erreicht zuweilen ein einziger Fliegenpilz den Wert eines Rentieres. Im Rausch hat der Korjäke das Erlebnis dick und fettleibig zu sein, was in den ärmlichen Tundren im Norden Asiens ein sehr erstrebenswerter Zustand zu sein scheint. Der Berauschte unterhält sich lebhaft mit Personen, die außer ihm niemand sieht, erzählt ihnen über welche Reichtümer er verfüge, was für herrliche Dinge er sähe, und wie wohl er sich jetzt fühle. Alle Gegenstände nehmen für ihn riesenhafte Formen an. Ein kleines Loch wird zu einem Abgrund, ein Löffel mit Wasser zu einem See. Das kostbare Rauschgift wird nur zu einem geringen Teil im Körper abgebaut; der größte Teil wird unverändert durch die Nieren wieder ausgeschieden Wie die Korjäken diese physiologische Besonderheit entdeckt haben, ist nicht bekannt. Jedenfalls sind sie dahintergekommen,.und als Folge davon haben sich eigenartige soziale Verhältnisse bei diesem Volksstamm entwickelt. Die Armen, welche sich keinen Fliegenpilz leisten können, trinken den Harn der Reichen, um sich zu berauschen. Ist der Fliegenpilz knapp, hebt aber auch der Reiche sein Wasser sorgfältig auf. Mancher Korjäke, der seinen Rausch verlängern will, trinkt sein eigenes Wasser, wenn er merkt, daß er nüchtern wird.

In den Pilzen sind aber auch *Heilstoffe* vorhanden wie z. B. das Clitocybin. Näheres darüber wird in dem Kapitel „Heilwirkung der Pilze" berichtet. Über den Gehalt der Pilze an *Vitaminen* ist in dem Kapitel „Nährwert der Pilze" ausführlich Erwähnung getan.

Dosenkonservierung

Das Eindosen der Pilze ist schon immer eine der gebräuchlichsten und am meisten verwendeten Methoden der Konservierung von Pilzen. Zur Eindosung werden die Pilze nach der Anlieferung geputzt, gewaschen, blanchiert und dann in den Dosen in der üblichen Weise sterilisiert. Es dürfen nur einwandfreie und gesunde Pilze verwendet werden. Bei jungen Pilzen können auch ganze Pilze zur Verwendung kommen. Im allgemeinen werden die Pilze jedoch geschnitten eingelegt (teilweise auch sehr fein geschnitten als Pilzmark). Das Blanchieren wird nach H. Serger mit den sortierten Pilzen vorgenommen, indem man sie in Blanchiersiebe packt (etwa ¾ ausgefüllt) und langsam in kochendes Wasser einsenkt, so daß das Wasser weitersiedet. Man blanchiert so lange, bis die Pilze ihre Sprödigkeit verloren haben. Der Vorgang dauert etwa 5—6 Minuten. Beim Blanchiervorgang sinken die Pilze auf etwa die Hälfte ihres Volumens zusammen. Nach dem Blanchieren hebt man die Blanchiersiebe aus dem Blanchierwasser und kühlt durch Überbrausen mit kaltem Wasser so lange, bis sie vollständig kalt geworden sind. Die Dosen werden dann mit den Pilzen vollgefüllt, ohne daß man der Ware Zwang antut. Darauf übergießt man mit einer kaltbereiteten 1%igen Kochsalzlösung und verschließt mit der Verschlußmaschine. Die Sterilisierung ist für die Haltbarkeit der Ware von ausschlaggebender Bedeutung, so daß ich doch auf einige wichtige Punkte dieses Vorganges nochmals hinweisen möchte, obwohl die eingehende Sterilisationsvorschrift im konserventechnischen Taschenbuch von Serger-Hempel nachzulesen ist.

Durch die richtige Sterilisation sollen die mit dem vorbehandelten Doseninhalt dem Aufgußwasser und der vielleicht noch mit enthaltenen Luft eingeschlossenen Bakterien getötet oder in ihrer Entwicklung so gehemmt werden, daß sie keine Zersetzung mehr verursachen können, der Inhalt also praktisch steril ist. Eine sichere Haltbarmachung durch Sterilisation

Abb. 1 und 2. Zubereitung und Putzen der Pilze
(mit freundl. Genehmigung der Konservenfabrik Rudolf Wölfel, Spiegelau, Bayer. Wald)

ist an sich nicht schwierig, weil man durch entsprechende Dauer der Sterilisation und entsprechend hohe Temperaturen unter allen Umständen eine Vernichtung der Mikroorganismen und ihrer Sporen erreichen kann. Die Dauer und die Höhe der Sterilisation richtet sich naturgemäß nach der Größe und der Art der Konservenbehälter. Die Sterilisation erfolgt meist mittels Autoklaven, das sind Druckkessel, die die Anwendung eines Druckes bis 1½ Atmosphären ermöglichen. (Eine Sterilisation kann natürlich auch bei 100 Grad im offenen Wasserbad durchgeführt werden. Näheres darüber am Schluß des Kapitels bei der Fabrikationsanweisung für das Eindosen von Champignons.) Dabei ist als sehr wichtig zu berücksichtigen, daß nach dem Einsetzen der Dosen und Schließen des Autoklaven zunächst mit der Zuführung des Dampfes ein völliges Entweichenlassen der kalten Luft stattfinden muß. Die Luft ist ein schlechter Wärmeleiter, so daß sie im Innern des Autoklaven während der Sterilisation eine gleiche Erhitzung der von ihr umgebenen Dosen nicht so zuläßt, wie sie für die vom Wasser umgebenen Dosen erreicht wird und für die Haltbarmachung notwendig ist. Man sterilisiert entweder nur in Dampf oder besser in mit Wasser so gefülltem Autoklaven,

Abb. 3. Blanchierkessel zum Blanchieren der Pilze
(mit freundl. Genehmigung der Konservenfabrik Rudolf Wölfel, Spiegelau, Bayer. Wald)

daß die Dosen sämtlich unter Wasser stehen. Man erreicht dies, wenn der Autoklav vor dem Einsetzen der Dosen, die sich im Autoklavenkäfig befinden, etwa ein Drittel mit Wasser gefüllt ist. Die kleineren Packungen werden entweder bei einer um einige Grade niedrigeren Temperatur die gleiche Zeit sterilisiert oder bei gleich hoher Temperatur einige Minuten weniger. Für größere Packungen ist das entgegengesetzte Verhältnis anzuwenden.

Als normale Sterilisationszeit und Temperatur wird man im allgemeinen bei Normaldosen (1/1) 32 Minuten (7 Minuten steigend, 18 Minuten haltend und 7 Minuten fallend) bei 118 Grad anwenden. Nach Ablauf der Sterilisationszeit rechnet man für das Entweichenlassen des gespannten Dampfes aus dem Autoklaven wiederum einige Zeit, das heißt also: die Temperatur muß durch entsprechende Dampfregulierung langsam fallen. Zu schnelle Veränderung der Temperatur ist sowohl dem Autoklaven als auch besonders den Dosen nicht zuträglich.

Die sichere Durchführung der Sterilisation erfordert, daß man sich zu Beginn der Fabrikation und im Laufe der ganzen Konservierungszeit wiederholt davon überzeugt, daß die angewandte Sterilisation die richtige ist. Man wird durch Sterilitätsprüfung im Brutschrank den einwandfreien Verlauf der Sterilisation überprüfen. Dazu werden einige Stichproben bei Bruttemperatur mehrere Tage im Brutschrank aufbewahrt. Hat eine drei- bis viertägige Bebrütung keine Bombagen, nach siebentägiger Be-

Abb. 4. Überdruckautoklav zur Sterilisierung von Dosen,
(Typ LW 403 der Lubeca-Werke, Lübeck)

brütung keine Säuerung herbeigeführt, so kann mit Wahrscheinlichkeit angenommen werden, daß die Konservierung richtig erfolgt ist. Einen absolut sicheren Aufschluß, ob die Ware bakterienfrei ist, kann nur die bakteriologische Untersuchung ergeben.

Wenn die Dosen den Autoklaven verlassen haben, zeigen sie infolge inneren Überdruckes Deckel und Böden oder eins von beiden nach außen gewölbt. Die Dosen werden nun entweder zum langsamen Erkalten auf den Fußböden auseinander gestellt oder in fließendem Wasser schnell bis zur Handwärme (55 Grad) gekühlt. Auf einen weiteren Umstand bei der Herstellung der Dosenpilze möchte ich hier ebenfalls etwas eingehender zu sprechen kommen. Das Blanchieren (Vorbrühen) soll im Interesse der möglichsten Erhaltung der Geschmacksstoffe und der Nährsalze möglichst kurz gehalten werden. In den meisten pilzverarbeitenden Betrieben wird nun das *Blanchierwasser*, das einen guten Teil der Aromastoffe und Nährsalze der Pilze enthält, weggeschüttet. Man sollte jedoch das Blanchierwasser entweder im Vacuumapparat eindampfen oder, wenn ein solcher nicht vorhanden ist, es zum Auffüllen der Dosen wieder verwenden. Es wird wohl hierdurch eine gewisse Trübung der Brühe eintreten. Diese muß jedoch in Kauf genommen werden, gegenüber den großen Verlusten an Aromastoffen und Nährsalzen, die sonst eintreten. Wie hoch diese Nährstoffe in dem Blanchierwasser sind, geht aus einer Analyse eines eingedickten Blanchierwassers hervor.

Eingedicktes Blanchierwasser:

Spez. Gewicht bei 15 Grad: 1,105
Trockensubstanz: 24,60%
Stickstoffsubstanz: 7,07% (bzw. 28,7% in der Trockensubstanz)
Mineralstoffe: 4,60% (bzw. 18,7% in der Trockensubstanz).

In der Zusammensetzung entspricht dieses eingedickte Blanchierwasser einem vollwertigen Pilzextrakt. Von Herstellerseite wird meinen Vorschlägen immer wieder entgegengehalten, daß das Publikum eine mit Blanchierwasser hergestellte Ware als unansehnlich ablehnt. Jeder Pilzkenner wird mir aber beipflichten, daß eine mit Blanchierwasser hergestellte Ware wesentlich aromatischer schmeckt als eine mit gewöhnlichem Wasser aufgefüllte. Es ist zu hoffen, daß mein Vorschlag sich bei der pilzverarbeitenden Industrie immer mehr durchsetzt.

Ein weiteres wichtiges Kapitel bei der Eindosung ist die Beschaffung der notwendigen *Dosen*. In normalen Zeiten wird man sich hauptsächlich der Weißblechdose bedienen, die bei sachgemäßer Behandlung stets einwandfreie Ware liefern wird. Auch die Lieferung von Glasdosen wird in normalen Zeiten auf keine Schwierigkeit stoßen. Weißblechdosen und Glasdosen sind aber in Notzeiten schwer oder überhaupt nicht zu beschaffen. Man wird sich also in solchen Zeiten nur an die Schwarzblechdose halten können. Es ist daher die Frage von ausschlaggebender Bedeutung, wie sich Pilze in Schwarzblechdosen halten. Darüber wurden von mir im Lauf der letzten Jahre eine größere Anzahl Untersuchungen und Prüfungen durchgeführt. Es wurden Dosen nach verschieden langer Lagerzeit geöffnet und jeweils äußere Beschaffenheit, Geschmack und Eisengehalt der Pilze festgestellt sowie die Innenlackierungen der Dosen geprüft. In der folgenden Tabelle sind einige Werte zusammengestellt:

Tabelle V

Pilzart	Lagerzeit der Dose	Aussehen der Pilze	Eisengehalt in 100 g Pilzen	Zustand der Lackschicht im Inneren	Geschmack der Pilze
Pfifferlinge	3 Mon.	etwas gedunkelt	1,2 mg	unversehrt	einwandfrei
,,	4 ,,	,,	1,9 ,,	,,	,,
,,	6 ,,	dunkel	3,7 ,,	,,	,,
,,	7 ,,	,,	4,8 ,,	,,	,,
,,	8 ,,	,,	5,5 ,,	,,	,,
,,	8 ,,	,,	7,2 ,,	,,	,,
,,	8 ,,	,,	11,6 ,,	,,	,,

Die erhaltenen Resultate sind als günstig zu bezeichnen. Ein stärkerer Angriff auf das Dosenmetall ist nicht zu erwarten, da die Pilze keine größeren Mengen von freier Säure enthalten. Aber auch in den Fällen, wo relativ mehr Eisen in Lösung gegangen war, war kaum ein metallischer Geschmack wahrzunehmen, weil das Eisen durch gerbstoffartige Stoffe gebunden und dadurch geschmacklich unwirksam wird. Gesundheitliche Schädigungen sind durch Genuß solcher Pilze nicht zu befürchten.
Bei zwei bombierten Dosen wurde festgestellt, daß es sich um reine Wasserstoffbombage handelt, und daß die Lackschicht im Inneren an verschiedenen Stellen abgeblättert war. In der schwach bombierten Dose war der Eisengehalt auf 67 mg, in der stark bombierten auf 174 mg bezogen auf 100 g Pilze gestiegen. Aber auch diese Pilze waren noch ohne weiteres zu genießen.
Aus den zahlreichen Haltbarkeitsversuchen, die von mir im Laufe der Jahre mit Schwarzblechdosen durchgeführt wurden, gebe ich in der folgenden Tabelle noch einige aufschlußreiche Werte:

Tabelle VI

	Butterpilze 1940	Butterpilze 1941	Pfifferlinge 1942
Lagerzeit	2¼ Jahre	1¼ Jahr	1¼ Jahr
Aussehen der Dose	nicht bombiert	leicht bombiert	stark bombiert
Inhalt: Pilze	636 g	539 g	303 g
Saft	334 g	315 g	556 g
Aussehen der Pilze	normal	leicht gedunkelt	stark gedunkelt
Geschmack der Pilze	normal	normal	metallisch
Eisen (Fe) in 100 g Pilzen	0	12,0 mg	38,5 mg
Eisen (Fe) in 100 g Saft	2,2 mg	6,8 mg	14,5 mg

Demnach waren die Butterpilze vom Jahre 1940 nach 2¼ Jahr noch vollkommen einwandfrei. Die stark bombierten Pfifferlinge waren wegen ihres metallischen Geschmackes als nicht mehr genießbar zu bezeichnen. Der größte Teil der zahlreichen Lagerversuche, die von mir mit Schwarzblechdosen durchgeführt wurden, ergab also, daß Schwarzblechdosen ohne weiteres zur Konservierung von Pilzen herangezogen werden können, da ja auch ihr pH-Wert verhältnismäßig günstig liegt. Mit einer Verfärbung der Pilze muß man jedoch meistens rechnen. Als Sicherheitsfaktor ist bei der Anwendung von Schwarzblechdosen zu empfehlen, die eingedoste Ware bis zum nächsten Frühjahr zum Verkauf zu bringen. In den letzten Jahren ist der Innenlackanstrich der Schwarzblechdosen immer beständiger und haltbarer geworden, was sich ebenfalls günstig auf die Haltbarkeit der Ware ausgewirkt hat. Eine Bleichung der Pilze mit Zitronensäure ist allerdings bei Verwendung von Schwarzblechdosen nicht zu empfehlen.

Das Lagern der Dosen muß in trockenen, luftigen Räumen erfolgen. Es ist vor allem darauf zu achten, die sterilisierten Dosen zum Abkühlen so trocken aufzustellen, daß die anhaftende Feuchtigkeit völlig verdunstet. Vor allem ist ein erneutes Feuchtwerden infolge schroffen Temperaturwechsels zu vermeiden, da sonst Rostbildung eintritt. Besonders während der Wintermonate ist für frostsichere Lagerung zu sorgen. Ist eine trokkene Lagerung nicht ganz sicher, so fettet man die Dosen ganz leicht mit säurefreiem flüssigem Paraffin (Paraffinöl) ein. Über den pH-Wert von Dosenpilzen bringt der bekannte Pilzforscher W. Friese einige interessante Ausführungen. Nach seinen Untersuchungen lagen die pH-Werte von Dosenpilzen zwischen 5,3 und 6,7. Steinpilzkonserven wiesen Werte von 5,3—5,9 (frische Steinpilze pH-Wert 4,63), Pfifferlingskonserven Werte zwischen 6 und 6,5 (frische Pfifferlinge pH-Wert 5,7) auf.

Über die pH-Werte von Frischpilzen, Dosenpilzen und Trockenpilzen bringt Friese folgende interessante Aufstellung:

Tabelle VII

Pilzart	pH-Wert Frischpilze	pH-Wert Dosenpilze	pH-Wert Trockenpilze
Steinpilz	4,63	5,72	5,84
Pfifferling	5,78	6,10	6,19
Butterpilz	4,90	5,73	5,87
Grünling	5,37	5,37	5,37
Austernseitling	5,70	5,74	5,80
Frühjahrslorchel	5,78	6,20	5,88
Champignon	6,52	6,72	6,78
Deutscher Trüffel	5,20	5,37	5,52

Es ist eine bekannte Tatsache, daß die Reaktion getrockneter Pilze im Verlauf längerer Lagerung immer stärker alkalisch wird. Die pH-Werte der Dosenpilze wurden niemals niedriger als die der entsprechenden

Frischpilze gefunden; im allgemeinen dagegen nicht höher als der pH-Wert der zugehörigen Trockenpilze. Eine Ausnahme macht die Frühjahrslorchel, bei der der pH-Wert der Dosenpilze über der der Trockenpilze lag.

Welche Pilzarten können nun eingedost werden? Früher war es üblich, nur Steinpilze, Champignons und Pfifferlinge einzudosen. Mit der Zeit haben sich aber auch auf meinen Rat hin die meisten pilzverarbeitenden Betriebe mit der Eindosung auch anderer Speisepilze beschäftigt Es können außer den bereits oben genannten Pilzarten noch folgende Pilze zur Eindosung herangezogen werden: Lorcheln, Goldröhrlinge, junge Birkenpilze, Rotkappen, Maronenröhrlinge, Reifpilze (Zigeuner), junge Schafporlinge, Grünlinge, Butterpilze, Sandröhrlinge, Hallimasch (Hüte). Bei der Herstellung von Dosenpilzen wird man die eben genannten Pilzarten wenn möglich sortenrein verarbeiten und sie dementsprechend kennzeichnen und zwar unter Beachtung der neuen Normen.

Schließlich ist bei der Eindosung noch zu beachten, daß ein Zusatz von chemischen Konservierungsmitteln nicht gestattet ist: Ein schwacher Zusatz von Kochsalz als Geschmackskorrigenz ist zulässig. Im übrigen sind die Füllgewichte für die Einlage entsprechend den neuen Normen für Pilzkonserven zu beachten.

Am Schluß des Kapitels möchte ich noch eine Fabrikationsanweisung für das Einlegen von Champignons in Dosen bringen. Dieser Pilz wird in Deutschland bekanntlich in großen Mengen gezüchtet, so daß er einen beachtlichen Handelsartikel darstellt. Näheres darüber bringe ich im Kapitel „Pilzzüchtung". Die Fabrikationsanweisung wurde mir von H. Serger, Versuchsstation für die Konservenindustrie Braunschweig, zur Verfügung gestellt.

A. ALLGEMEINES

Rohmaterial

Die Herstellung von Champignons in Dosen erfordert eine glatte und rasche Verarbeitung des frischgeernteten Rohmaterials. Eine normale Ware ist weißlich-gelb. Die Sortierung erfolgt in vier Sorten und lehnt sich an die ursprüngliche französische Vorschrift an. Man sortiert:

Têtes	Köpfe allein
premier choix	kleine feinste, ganze Pilze
second choix	größere Pilze, ganze
de couche	Stiele, in Stücke zerschnittene große Pilze, angeschnittene Pilze usw.

B. FABRIKATION

1. Vorbereitung und Waschen

Von den Pilzen wird zunächst das untere Ende des Stieles glatt abgeschnitten und etwaige kleinere Flecken mit einem kleinen Messer sorgfältig abgeschabt oder abgeschält. Dieses Verbessern beschädigter Pilze ist für die feineren Sorten aber nur bis zu einem geringen Grade zulässig. Beschädigte, stark verputzte, mißfarbene Champignons, Stiele usw. benutzt man für die vierte Klasse. Die Stücke dieser vierten Klasse sollen im allgemeinen nicht größer und nicht dicker wie ein Fingerglied sein. Nach dem Verputzen wird ein gründliches Waschen in kaltem Wasser vorgenommen. Doch darf man nicht auf Vorrat waschen, sondern nur soviel, daß man im Anschluß daran sofort das Blanchieren vornehmen kann. Das Waschen selbst erfolgt in Kübeln mit Wasser, durch Rühren mit der Hand oder einem Holzstab und zwei- bis dreimaligem Erneuern des Wassers. Nach dem Waschen werden zuweilen die Köpfe der Pilze noch mit einem Tuch glattgerieben oder bei größeren Pilzen die derbere Haut der Köpfe mit einem Messer abgeschält.

2. Blanchieren und Bleichen

a) Naturell, ungebleicht

In einem kupfernen Blanchierkessel bereitet man eine Lösung von 50 l Wasser, 150 g Kochsalz und 75 g Zitronensäure. Nachdem diese Lösung bis zum leichten Kochen gebracht ist, blanchiert man darin die vorbereiteten Champignons, welche sich in gut verzinnten Blanchiersieben befinden. Im allgemeinen soll man jedesmal nur etwa 10 Kilo blanchieren. Das verwendete Wasser muß eisenfrei sein. Das Blanchieren dauert je nach Größe der Pilze oder Pilzstücke 5—7 Minuten. In der angegebenen Menge Blanchierwasser blanchiert man 5 Portionen, also insgesamt 50 Kilo Pilze. Darauf erneuert man das Blanchierwasser, hebt aber einen Teil, etwa 10% des Blanchierwassers, zur Bereitung des Aufgusses auf. Nach dem Blanchieren hebt man die Blanchiersiebe aus dem Kessel, läßt freiwillig abtropfen, ohne besonders zu kühlen, und stellt zum sofortigen Packen in die Dosen beiseite.

b) Gebleicht, natürliche Bleichung

Die Pilze werden nach dem Vorarbeiten in Wasser ziemlich weich blanchiert. Hierauf bringt man dieselben mit dem Blanchierwasser in hölzerne Behälter (Fässer), fügt auf 100 l Flüssigkeit ein Kilo Kochsalz hinzu und bedeckt die Masse mit einem Holzdeckel, damit auch die oberen Pilze unter der Brühe stehen. Die Champignons müssen dann je nach der Außentemperatur 2—5 Tage gären. Die Pilze läßt man nun im Blanchierkessel in der Brühe einmal aufkochen. Die Champignons werden alsdann nach dem Abtropfen auf einer Tafel sortiert, die Brühe durch einen Asbest-Zellulose-Trichter geklärt, wie es in Weinkeltereien üblich ist, auf 100 l Brühe 100 g Zitronensäure hinzugefügt und dieselbe als Auffüllwasser für die Dosen benützt.

c) *Künstliche Bleichung*

Die natürliche Farbe des Champignons ist gelblich. Wird aber eine schneeweiße Farbe verlangt, oder hat man viel dunkel gewordene Pilze oder Pilzstücke zu verarbeiten, so bleicht man mit schwefliger Säure bzw. einem schwefligsauren Salz. Zu diesem Zwecke gibt man auf 50 l Blanchierwasser 500 g doppeltschwefligsaures Natrium (Natriumbisulfit) gelöst durch Umrühren und blanchiert wie gewöhnlich. Hierbei ist entweder die Verwendung von Holzkörben oder besser blanken Kupfersieben als Blanchiersiebe zu empfehlen, da bei verzinnten Eisensieben zuweilen an den Stellen, wo die Pilze anliegen, eine Verfärbung beobachtet wird. Nachdem die Pilze genügend blanchiert sind, müssen sie sehr gründlich in fließendem Wasser gewaschen werden, bis jede Spur des Natriumbisulfites wieder entfernt ist. Verbleibende Reste von Natriumbisulfit färben sich später in der Dose an der der Wandung anliegenden Seite mit Sicherheit braun.

3. Einfüllen in die Dosen

Die fertig blanchierten und abgekühlten Pilze werden in Dosen gepackt. Folgende Füllmengen kommen in Frage:

1/8 Normal-Dose	50 g
1/4 ,, ,,	110 g
1/2 ,, ,,	225 g
1/1 ,, ,,	450 g.

Als Auffüllwasser benutzt man für naturelle, ungebleichte Ware eine Lösung von 1% Kochsalz und 0,1% Zitronensäure. Beides ist vorher zu lösen, einmal aufzukochen und nach dem Abkühlen zu verwenden. Man kann auch zur Erhöhung des Aromas 10% des unter 2a erhaltenen Blanchierwassers zufügen. Bei künstlicher Bleichung mit Sulfit benutzt man dasselbe Aufgußwasser, erhöht aber den Zusatz an Zitronensäure am besten auf 0,25%. Der Aufguß für naturell gebleichte Ware ist bereits angegeben.

4. Verschließen und Sterilisieren

Nachdem die Dosen sorgfältig verschlossen worden sind, werden sie sterilisiert. Diese Sterilisation kann bei 100 Grad im offenem Wasserbade und bei Temperaturen über 100 Grad im Autoklaven erfolgen.

a) Offenes Wasserbad

$^1/_8$—$^1/_4$ Dosen bei 100 Grad 60 Minuten
$^1/_2$—$^1/_1$ Dosen bei 100 Grad 75 Minuten.

Vom Ansatz mit dem kalten Wasser im Kessel bis zum Kochen sind mindestens 25 Minuten zu rechnen. Man läßt die Dosen 24 Stunden bei gewöhnlicher Temperatur stehen und sterilisiert dann nochmals die Hälfte der vorher angegebenen Zeit nach.

b) Autoklav

$^1/_8$—$^1/_4$ Dosen bei 110 Grad 10 Minuten,
4 Minuten Steigen und Fallen
$^1/_2$—$^1/_1$ Dosen bei 110 Grad 15 Minuten,
6 Minuten Steigen und Fallen.

Nach dem Sterilisieren sind die Dosen sofort bis zur Handwärme zu kühlen.

Pilztrocknung

Außer der Eindosung dürfte die gebräuchlichste Art der Konservierung von Pilzen wohl die *Trocknung* sein. Ich habe im Zuge meiner Arbeiten über die Pilzverwertung stets das Trocknen als wichtigste und zweckmäßigste Konservierung von Pilzen in den Vordergrund gestellt. Erfreulicherweise ist nun auch die Konservenindustrie durch Aufstellung einer größeren Anzahl von Trocknern darangegangen, Trockenpilze in größeren Mengen herzustellen. Auch die Bevölkerung konserviert die von ihr gesammelten Pilze durch die sogenannte Haustrocknung, die meistens durch Trocknung an Luft und Sonne geschieht. Über den Nährwert der beiden Pilzkonserven Dosenpilze und Trockenpilze gibt anschaulich der Wasser- und Eiweißgehalt der Ware Auskunft. Während Dosenpilze einen Wassergehalt von 88—92% und einen Eiweißgehalt von 2—5% aufweisen, haben Trockenpilze im allgemeinen einen Wassergehalt von 2—6% und einen mittleren Eiweißgehalt von 23%. Es ist also in bezug auf Nährwert der Trockenpilz stets der kalorienreichere.

Die Trocknung geschieht nach den bisher üblichen und bewährten Verfahren am besten in einem warmen Luftstrom. Die Pilze sind vorher nur zu putzen und zu schneiden aber nicht zu waschen, da hierdurch besonders bei Steinpilzen häßliche Verfärbungen entstehen können und außerdem die Trocknung erschwert wird. Die Trocknung soll im allgemeinen bei 60 Grad erfolgen, da bei dieser Temperatur das sogenannte Schmoren der Pilze noch nicht eintritt, aber die Trocknung bereits recht lebhaft vor sich geht. Selbstverständlich ist für dauernde Lüftung Sorge zu tragen, um den überschüssigen Wasserdampf abzuführen. Es muß also auf ständige Zuführung trockner und Ableitung feuchter Luft geachtet werden. Wenn die Hauptmenge des Wassers verdampft ist, kann man zum Abschluß die Temperatur auf etwa 70—75 Grad erhöhen und dann die Hitze langsam abklingen lassen. Besondere Vorsicht ist bei Morcheln und Lorcheln geboten, da dieselben bei höherer Temperatur leicht anbrennen. Es ist darauf zu achten, daß die Trocknung möglichst schnell vor sich geht, aber natürlich keinesfalls auf Kosten der Qualität.

Das Trocknen in freier Luft soll nur als Notbehelf gelten, da hierbei eine große Verunreinigung durch Insekten usw. entsteht. Außerdem ist bei dieser Art der Trocknung, wenn sie nicht bei sonnigen und warmem Wetter stattfindet, infolge des langsamen Trocknungsverlaufes eine Wertminderung der Trockenpilze in Kauf zu nehmen. Trotz dieser Nachteile ist die Haustrocknung, wie sie im allgemeinen bezeichnet wird, auf jeden Fall zu empfehlen, denn durch diesen Prozeß werden außerordentlich große Mengen von Frischpilzen dem Ernährungshaushalt des einzelnen zugeführt. Gerade bei großen Pilzernten ist es gar nicht möglich, daß die vorhandenen pilzverarbeitenden Betriebe und der Frischmarkt, die anfallenden Pilze verarbeiten können. Zweckmäßig ist es natürlich, die sogenannten hausgetrockneten Pilze trocken zu lagern und sie öfters umzuwenden, damit einem eventuellen Madenfraß gesteuert wird.

Fabriken, die derartige Haustrockenware aufkaufen, nehmen die Trokkenpilze nochmals über einen Trockner, um die angezogene Feuchtigkeit zu entfernen.

Als höchst zulässige Temperatur auf dem Trockner gegen Ende des Prozesses sind 80 Grad zu bezeichnen, wird sie überschritten, so leidet das Aroma und die Wiederquellfähigkeit. Es ist zu beachten, daß das Pilzeiweiß durch diesen Trocknungsprozeß nicht leidet. Zu starke Erwärmung (über 80°) verändert das Eiweiß und macht es schwer oder sogar unverdaulich. Andererseits schwitzen frische Pilze, wenn sie längere Zeit einer Wärme von unter 50° ohne genügenden Luftzug ausgesetzt sind und werden schmierig. Die Trocknung muß mit schwacher Erwärmung beginnen und dann bei 60 bis 80° fortgesetzt werden.

Die Pilze sollen zum Zwecke der Trocknung nicht zu sehr zerkleinert werden, da sie ja sowieso eine starke Schrumpfung erfahren. Sie müssen natürlich von allen Seiten der Luft zugänglich sein, vor allen Dingen zu Beginn der Trocknung, weil sonst die Gefahr besteht, daß sie zusammenkleben und die inneren Teile nicht richtig austrocknen. Im Hinblick auf den späteren Vertrieb sollen Trockenpilze von den Herstellerfirmen bereits nach Sorten und Qualität getrennt werden. Eine Mischung der Pilze soll möglichst unter Zuziehung eines Pilzsachverständigen durchgeführt werden, um zu verhindern, daß hochwertigen Pilzen minderwertige Ware beigemischt wird. Solche Mischungen dürfen nur dann in den Verkehr gebracht werden, wenn sie von einer sachverständigen Stelle kontrolliert und zugelassen sind.

Die Aufbewahrung der Trockenpilze muß sehr sorgfältig geschehen, da bei größeren Temperatur- und Feuchtigkeitsschwankungen sich sehr leicht Feuchtigkeit auf dem Trockengut niederschlagen kann, welche von den Pilzen aufgesogen wird. Sobald die Trockenpilze über 12% Wasser enthalten, sind sie stark anfällig gegen Schimmelpilze und sonstige Schädlinge. Am besten ist es, wenn die in der Fabrik getrocknete Ware sofort luftdicht und wasserundurchlässig verpackt wird. Cellophan ist hierzu nicht geeignet, da es wasserdurchlässig ist.

Für die *Trocknung im Haushalt* sind von einigen Seiten mit Einsätzen versehene Trockenkästen ganz einfacher Art empfohlen worden, die mit gekörntem *Silikagel* als Trocknungsmittel beschickt werden. Die Trocknung wird dadurch unabhängig von Witterungs- und anderen Einflüssen, kann also jederzeit vorgenommen werden. Die in dünner Schicht ausgebreiteten Pilze geben ihr Wasser an das Silikagel ab, das bis zu 30% seines Gewichtes an Wasser aufzunehmen vermag. Durch einfaches Erhitzen auf mindestens 100 Grad in offener Schale .kann das Silikagel immer wieder regeneriert werden, ohne an Trocknungskraft zu verlieren. In waldreichen Gegenden ist die Herstellung besonderer *Primitivdarren* zu empfehlen, die in einfachster Weise aus Ziegelstein, Mörtel, Lehm und einigen kg Eisen zu errichten sind. Ihre Lage muß so gewählt werden, daß etwa 8 km im Umkreis als Sammelgebiet in Betracht kommen, um lange Antransporte zu vermeiden. Sie sind unter Schuppen in Dörfern oder Waldarbeitergehöften zu errichten, damit die Pilze stets gegen Niederschläge geschützt aufbewahrt werden können. Näheres über eine derartige Primitivdarre ist zu finden in der Schrift „Ein primitiver Darrofen für Pilze von Dr. J. Stolley, Eberswalde", herausgegeben von der Arbeitsgemeinschaft Ernährung aus dem Wald, München.

Bei der Haustrocknung ist es wichtig, die bereits vorhandenen Heizungsmöglichkeiten weitmöglichst zu verwenden. Für Haushaltungen kommen Zimmeröfen, Heizkörper von Zentralheizungsanlagen, die Kochherde der Küche, sowie Backöfen in Betracht. Diese eignen sich für kleine Pilzmengen besonders gut. Stets muß dafür gesorgt werden, daß die Pilze möglichst von allen Seiten von der Luft berührt werden. Diese Forderung erfüllt nur zum Teil das Auffädeln (wie dies in den östlichen Ländern sehr viel durchgeführt wird), dieses erfordert jedoch viel Zeit und ein Gestell zur geeigneten Aufhängung der Schnüre in der Nähe des Ofens.

Besser ist auch hier die Verwendung einfacher *Horden*, die etwa einen rechteckigen Rahmen und als Boden ein verzinktes Drahtnetz oder ein großmaschiges Gewebe aus Bast, Schnur- oder Baumwollgaze besitzen. Die Horden sind mit etwa 2—5 cm hohen Füßen zu versehen. Zimmeröfen und Heizkörper von Zentralheizungsanlagen kommen nur in der kühlen Jahreszeit Oktober und November in Betracht, wenn ein Heizen erforderlich wird. Für das Trocknen besonders geeignet sind die Küchen

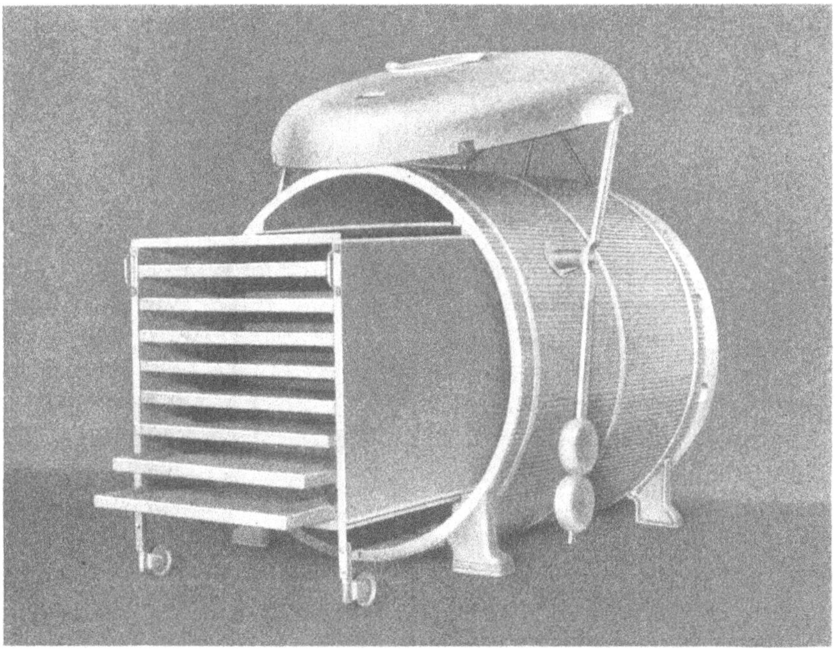

Abb. 5. Hordentrockner 10 m^2 zur Herstellung von Trockenpilzen (Maschinenfabrik Imperial, München)

mit den dort vorhandenen Herden. Dabei ist folgendes zu beachten: Die Kochherde sind so eingerichtet, daß sie in kurzer Zeit schnell hohe Hitze geben und diese nach Beendigung der Heizung bald verlieren. Sie besitzen daher oben eine eiserne Heizplatte. Würde man mit Pilzen belegte Horden zunächst auf diese stellen, so würde die Gefahr bestehen, daß die Wärme zu hoch ist, andererseits nicht lange genug andauert. Die Regulierung ist daher nicht einfach. Die Schwierigkeiten lassen sich nun leicht beseitigen, wenn man auf die Herdplatte eine Schicht *Ziegelsteine* legt, die die Wärme aufspeichern und langsam nach oben abgeben. Ferner muß dafür gesorgt werden, daß die entstehende feuchte Luft durch trockene ausgetauscht werden kann, was man am besten durch Öffnen der Fenster erzielt. Ein gleichzeitiges Trocknen von Pilzen und Kochen von Essen ist daher nicht möglich. Die Horden sind in ihrer Größe so herzustellen, daß die ganze Herdfläche ausgenutzt wird, unter Umständen durch Aufstellung von mehreren nebeneinander. In jeder Horde sind dabei die Pilze so locker zu lagern, daß die warme Luft die einzelnen Pilzteile durchströmen kann. Es empfiehlt sich, von Zeit zu Zeit die Horden durchzuschütteln. Können die Pilze nicht gleichzeitig in einer Hordenschicht untergebracht werden, so lassen sich die Horden in mehreren Schichten übereinander etwa bis zu drei anordnen. Um die warme Luft zu zwingen, durch die Hordenschichten zu strömen, empfiehlt es sich, diese Hordentürme seitwärts mit an-

Abb. 6. Schubhordentrockner zur Herstellung von Trockenpilzen (Prof. Hans von Sybel, Institut für Landtechnik, München)

gelehnten Holzbrettern entsprechender Größe zu umkleiden, die an der Berührungsstelle mit der Herdfläche Öffnungen zum Eintritt frischer Luft haben. Sind die Pilze in der untersten Hordenreihe trocken, so entfernt man diese und bringt die darüber befindliche tiefer.

Die geleerte Hordenreihe kann dann mit frischen Pilzen gefüllt und zu oberst wieder eingebaut werden. So kann man einen primitiven Dauerbetrieb einrichten. Während des Kochens unterbricht man die Trocknung und stellt die Horden in einen trockenen Raum.

Backöfen eignen sich zur Trocknung von Pilzen nur dann, wenn für geeignete Durchlüftung gesorgt werden kann, denn die Wärme allein kann keine Trocknung bewirken, es muß die feuchte Luft auch ständig durch neue trockene ersetzt werden. Sonst kann man es unter Umständen erleben, daß die Pilze schmierig werden und sehr in ihrer Beschaffenheit verlieren. Auch hier empfiehlt sich die Verwendung von Horden, die leicht hinein- und herausgeschoben werden können.

Die geschilderten Hilfstrockner mit den Horden geben auch die Möglichkeit, andere Lebensmittel wie Obst, Gemüse, Kartoffeln u. a. leicht und schnell zu trocknen. Das Wesentliche ist, daß eine gleichbleibende Erwärmung, nicht über 80°, gesichert ist und die Trocknung weder zu schnell noch zu langsam erfolgt. Sie muß bei Pilzen etwa in 12 Stunden beendet sein.

Als *Trockner* werden in den einzelnen Konservenfabriken hauptsächlich Band- und Kammertrockner (Horden) verwendet. Bei der hausgetrockneten Ware ist stets, wie bereits oben erwähnt, die Gefahr vorhanden,

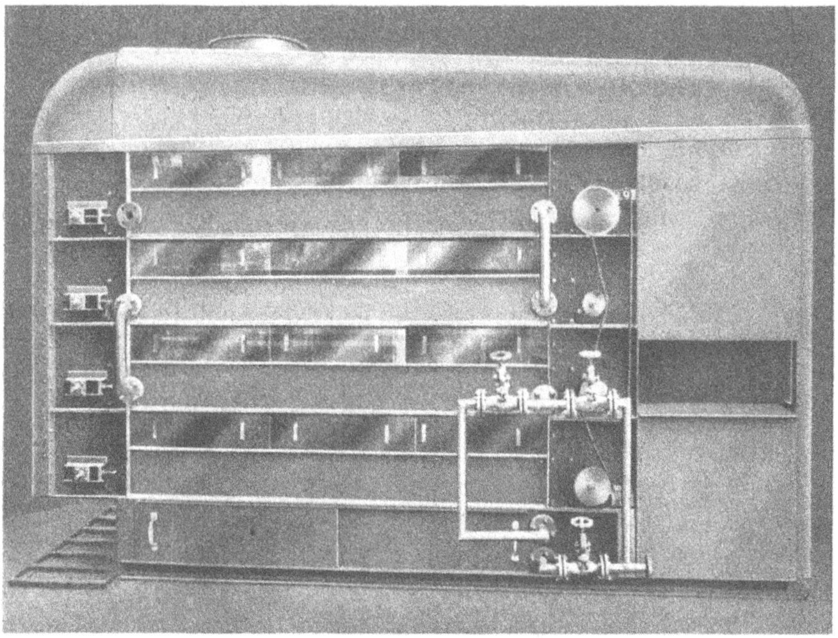

Abb. 7. Vierbandtrockner zur Herstellung von Trockenpilzen (Typ 10 m^3 der Maschinenfabrik Imperial, München)

daß Verunreinigungen durch Fliegen und andere Insekten auftreten, so daß im Frühjahr mit unangenehmen Überraschungen durch Madenbefall gerechnet werden muß. Es ist daher zweckmäßig, die hausgetrocknete Ware nochmals über einen Trockner gehen zu lassen. In bezug auf die Frage der Verwendung von Kammer- oder Bandtrockner bin ich auf Grund meiner jahrelangen Erfahrungen und der Beobachtungen der Konservenfabriken zu der Überzeugung gelangt, daß der sogenannte Kleinbandtrockner (Vierband), wie er in der Ukraine mit bestem Erfolg zur Pilz- und Gemüsetrocknung verwendet wurde, sich am besten zur Pilztrocknung eignet.

Zur Pilztrocknung eignen sich fast alle Pilzarten. Man muß dabei aber berücksichtigen, welche Ansprüche der Verbraucher an Trockenpilze stellt. Da ist zuerst das Aroma. Nicht alle Pilze besitzen nach der Trocknung ein angenehmes, kräftiges Pilzaroma. Zur Herstellung von Trockenpilzen für den Einzelhandel soll man nur solche Pilze verwenden, die aromareich und weichfleischig sind. Die Trockenpilze müssen auch eine gewisse Quellfähigkeit besitzen, da sie sonst zu unverdaulich sind und Verdauungsbeschwerden hervorrufen können.

Auch in anderer Beziehung müssen die Trockenpilze bestimmten Anforderungen genügen; so dürfen sie nicht krümeln, kleben usw. So kommt es, daß die Zahl derjenigen Pilzarten, die eine wirklich einwandfreie und befriedigende Trockenware liefern, doch nur begrenzt ist.

Eine gesetzliche Anforderung über Trockenpilze war bis vor kurzem im gesamten Reichsgebiet nur vom Land Sachsen erlassen worden. Sie stammt vom 30. 3. 1930, und es werden darin die zum Handel zugelassenen Trockenpilze namentlich aufgeführt. Die Verordnung hat folgenden Wortlaut:

„Die Erfahrungen der Lebensmittelkontrolle haben ergeben, daß als Trockenpilze auch Gemische mit völlig wertlosen, ungenießbaren und sogar giftigen Pilzen in den Handel kommen. Es ist deshalb im Rahmen der amtlichen Lebensmittelkontrolle den Trockenpilzen besondere Beachtung zu schenken. Als eine zulässige Handelsware können nur solche Trockenpilze angesehen werden, die aus aromatischen, genießbaren Pilzsorten hergestellt worden sind.
Als solche haben zu gelten

a) Röhrenpilze

Steinpilz (auch Herrenpilz genannt), *Boletus edulis*,
das Rothäuptchen, *Boletus rufus*,
der Birkenpilz, *Boletus scaber*,
der Schusterpilz, *Boletus erythropus*,
der Maronenröhrling, *Boletus badius*,
der Sandpilz, *Boletus variegatus*,
die Ziegenlippe, *Boletus subtomentosus*,
der Rotfußröhrling, *Boletus chrysenteron*,
der Hohlfußröhrling, *Boletus cavupes*,
der Butterpilz, *Boletus luteus*,
der schöne Röhrling, *Boletus elegans*,
der Schmerling, *Boletus granulatus*,
der Kuhpilz, *Boletus bovinus*,
der Schafporling, *Polyporus ovinus*,
der Semmelpilz, *Boletus confluens*,
der Eichhase, *Polyporus ramoissimus*.

b) Stachelpilze

der Habichtpilz, *Hydnum imbricatum*,
der Semmelstoppelpilz, *Hydnum repandum*.

c) Korallenpilze

die Krause Glucke, *Sparassis crispa*,
Morcheln und Lorcheln, *Morchella*- und *Helvella*arten,
Trüffeln, *Tuber*- und *Choiromyces*-arten.

d) Blätterpilze (Lamellenpilze)

Pfifferling, *Cantharellus cibarius*,
Totentrompete, *Craterellus cornucopioides*,
Grünling, *Tricholoma equestre*,
Champignons:
Schafchampignon, *Psalliota arvensis*,
Wiesenchampignon, *Psalliota campestris*,
Waldchampignon, *Psalliota silvatica*.

Gemische, bei denen andere, aromalose, minderwertige, ungenießbare oder giftige Pilze verwendet sind, sind auf Grund von §§ 3 und 4 des Lebensmittelgesetzes zu beanstanden.

Personen, die Trockenpilze herstellen, oder in den Verkehr bringen, haben dies zur Vermeidung ihrer Bestrafung und der Beschlagnahme der minderwertigen oder gesundheitsschädlichen Ware besonders zu beachten."

Diese Trockenpilzverordnung wurde durch eine neue Verordnung der Sächs. Landesregierung über Trockenpilze und Pilzpulver erweitert, die in Nummer 33 des sächs. Gesetz- und Verordnungsblattes vom 25. 7. 1944 abgedruckt ist. In der Verordnung über Trockenpilze sind also die Pilze auch als Mischpilze zugelassen.

Nach diesen beiden sächs. Verordnungen erließ die deutsche Zentralverwaltung für das Gesundheitswesen in der sowjetischen Besatzungszone unter dem 2. 7. 1948 Richtlinien über den Verkehr und die Verarbeitung von Pilzen, die auf der Grundlage eines Entwurfes einer Verordnung über den Verkehr mit Speisepilzen und Pilzerzeugnissen fußen. Dieser Entwurf ist von mir und meinen Mitarbeitern in unserer Broschüre „Die Pilzverwertung und ihre Zukunftsaufgaben" (siehe Quellenverzeichnis) veröffentlicht worden. Für die Westzonen sind vom Qualitätsausschuß der Konservenindustrie eine Erweiterung und Umarbeitung der Normativbestimmungen für Gemüse und Pilzkonserven der Anordnung des Direktors der Verwaltung für Ernährung, Landwirtschaft und Forsten des Vereinigten Wirtschaftsgebietes vom 30. 9. 1948 ausgearbeitet worden, die von mir im Kapitel „Untersuchung und Beurteilung von Pilzen und Pilzerzeugnissen" näher beleuchtet werden.

Ganz allgemein wäre zu fordern, daß die Herstellung von Trockenpilzmischungen für den Handel nur von ganz besonders zuverlässigen, größeren Firmen vorgenommen werden darf, die einen anerkannten Pilzfachmann in ihrem Betriebe beschäftigen, der die Erzeugnisse laufend kontrolliert. Die bisher angeführten Pilze sind auch in ihrem Eiweißgehalt meist recht hoch. Aber auch geringerwertige Pilze können getrocknet werden, nur sind sie dann nicht mehr für den Einzelhandel zuzulassen, sondern der industriellen bzw. pharmakologischen Verwertung zuzuführen.

Im allgemeinen ist anzustreben, daß auch bei den Trockenpilzen die Sortenreinheit gewahrt wird, da bei Mischpilzen die Bestimmung der

Arten äußerst schwer, wenn nicht manchmal unmöglich ist, und dadurch der Fälschung Vorschub geleistet wird. Die Forderung der Sortenreinheit wird nicht immer durchführbar sein. Ihr kann aber dadurch besonderer Nachdruck verliehen werden, daß für getrocknete Mischpilze erheblich niedrigere Preise gezahlt werden, so daß der Ablieferer von sich aus das größte Interesse hat, die Ware sortenrein zu liefern.

Im Verlauf meiner Forschungsarbeiten über die Pilzverwertung wurden von mir und meinen Mitarbeitern zahlreiche Pilzarten einzeln gesammelt, getrocknet und chemisch untersucht, um einen möglichst umfassenden Überblick über die chemische Zusammensetzung der Pilze zu erhalten. Aus der Vielzahl der durchgeführten Analysen gebe ich in der Tabelle VIII eine auszugsweise Zusammenstellung. Da die Pilze meist etwas Sand enthalten, und zwar in recht wechselnden Mengen, sind alle Werte auf sandfreie Pilzsubstanz umgerechnet.

Zu den erhaltenen Untersuchungsergebnissen ist folgendes zu bemerken: Läßt man den ganz aus der Reihe fallenden extrem niedrigen Eiweißgehalt des gemeinen Fälblings von 12,4% unberücksichtigt, so schwanken die gefundenen Eiweißwerte in der Pilztrockensubstanz zwischen 16 und 41%. Als Mittelwert ergibt sich ein Eiweißgehalt von 23%. Bemerkenswert ist der hohe Eiweißgehalt des Parasolpilzes. Im allgemeinen haben die wohlschmeckenden Pilzarten auch einen höheren Eiweißgehalt.

Verschiedene Pilzarten wurden mehrfach untersucht, um festzustellen, ob und inwieweit die Zusammensetzung ein und derselben Pilzart unter dem Einfluß verschiedener Faktoren wie Standort, Boden, Witterung, Jahreszeit, Schwankungen unterworfen ist. Es konnte auf Grund der Ergebnisse festgestellt werden, daß die untersuchten Pilzarten eine bemerkenswerte Konstanz in ihrer Zusammensetzung zeigten. Es macht den Eindruck, als sei die chemische Zusammensetzung der Pilzsubstanz artgebunden und Umwelteinflüssen nur wenig unterworfen. Ein endgültiges Urteil kann erst gefällt werden, wenn noch mehr Material zusammengetragen wird.

Zum Abschluß des Kapitels möchte ich noch kurz über Arbeiten amerikanischer Forscher berichten, die umfangreiche Versuche über das Trocknen von Champignons angestellt haben. Sie kommen zu dem Schluß, daß Champignons am besten in kaltem Wasser gründlich gereinigt, in Stücke geschnitten, in Dampf zwei Minuten 15 Sekunden gebleicht und bei einer Temperatur von 62—65° bis zu einem Feuchtigkeitsgehalt von 5% oder weniger getrocknet werden. Zur optimalen Erhaltung des Geschmackes sollten die getrockneten Pilze bei einer Temperatur von rund

Tabelle VIII

Pilzart	Herkunft	Wasser %	Stickstoffsubstanz %	Mineralstoffe %	Alkalität der Mineralstoffe in ccm Normalalkali	Sand %	Auf Trockensubstanz berechnet	
							Stickstoffsubstanz %	Mineralstoffe %
Rotfüßchen	Waldow	0,95	30,29	6,78	73,98	5,38	30,58	6,85
Hallimasch	Waldow	2,15	15,70	7,68	70,77	1,09	16,05	7,85
Granatroter Saftling .	Waldow	3,48	24,11	11,91	63,43	2,25	25,05	12,35
Gemeiner Fälbling ...	Tuchel. Heide	1,00	12,30	6,91	75,52	2,01	12,40	6,99
Halsbandritterling ...	Waldow	1,74	18,53	11,01	85,09	13,86	18,86	11,20
Rötlicher Ritterling .	Waldow	1,77	17,50	8,40	86,09	1,27	17,82	8,55
Schwärzender Porling	Waldow	1,71	15,88	4,98	49,07	2,18	16,15	5,07
Feuriger Täubling ...	Waldow	1,46	21,20	8,96	80,76	0,94	21,51	9,10
Rotbrauner Milchling	Waldow	1,36	21,18	6,79	61,50	0,81	21,46	6,88
Tannenflämmling	Tuchel. Heide	0,71	16,23	4,82	47,12	0,26	16,35	4,85
Fliegenpilz	Waldow	3,90	23,79	8,16	62,75	4,38	24,76	8,60
Steinpilz	Schwepnitz-S	2,90	34,22	6,42	10,09	0,90	35,24	6,61
Pfifferling	Tuchel. Heide	0,58	15,41	9,38	107,20	2,05	15,50	9,44
Wald-Egerling	Waldow	1,59	24,91	9,47	81,03	2,51	25,31	9,52
Parasolpilz	Waldow	3,77	39,77	7,23	49,58	3,20	41,33	7,51
Graubl. Schwefelkopf	Waldow	1,90	18,81	9,34	79,63	1,17	19,18	9,52
Maronen	Schwepnitz-S	2,09	30,83	9,00	62,40	0,64	31,49	9,19
,, ...	,,	4,09	30,98	8,27	56,49	0,87	31,98	8,62
Rotkappen	Schwepnitz-S	5,44	27,84	8,16	46,26	0,21	29,44	8,63
,, ...	,,	1,53	26,42	7,64	27,18	0,65	26,83	7,76
,, ...	Tuchel. Heide	0,71	23,64	5,15	24,13	0,53	23,70	5,18
Schopf-Tintling	Waldow	3,78	36,77	11,95	91,63	4,21	38,21	12,42
,, ...	,,	2,44	36,99	10,80	80,91	3,60	37,52	10,95
Grünlinge	Schwepnitz-S	2,37	16,90	9,69	91,65	2,89	17,31	9,97
,, ...	Waldow	1,46	17,55	8,81	95,14	9,62	17,92	8,94
,, ...	,,	2,58	17,95	10,25	106,00	12,25	18,43	10,58
Sandpilz	Schwepnitz-S	5,09	22,20	7,30	33,16	0,51	23,39	7,66
,, ...	Waldow	1,66	23,95	6,67	39,61	4,07	24,35	6,78
Habichtspilz	Waldow	1,18	20,02	8,62	78,90	4,94	20,05	8,63
,, ...	,,	1,29	19,46	6,77	64,69	1,07	19,70	6,87
,, ...	Tuchel. Heide	0,53	18,13	5,43	48,32	0,45	18,13	5,46
Kuhpilz	Waldow	1,03	16,36	4,75	38,44	3,74	16,53	4,80
,, ...	Tuchel. Heide	1,15	13,67	3,62	30,17	0,56	13,83	3,66
Grauer Ritterling ...	Schwepnitz-S	1,68	23,43	12,30	107,07	6,60	23,83	12,51
,, ,, ...	Waldow	1,78	24,72	12,70	127,90	6,18	25,13	12,93

29° gelagert werden. Die in frischen Champignons festgestellten Vitamine Riboflavin (Lactoflavin), Vitamin G und B_2, ferner Thiamin (Vitamin B_1) und Nikotinsäure (zur Vitamin B-Gruppe gehörig), bleiben nach den Feststellungen der Forscher während des Trocknens und während der Aufbewahrung der getrockneten Pilze ganz stabil.

Pilzpulver aus Trockenpilzen

Die Pilze sind in der Art ihres Fleisches recht verschieden. Es gibt weichfleischige Arten, die aromatisch sind, aber auch solche mit nur geringem Aroma. Dasselbe gilt auch von hartfleischigen Arten, die durch noch solanges Kochen oder Braten, nicht weich werden wollen, sondern meist noch mehr verhärten. Sie können in diesem Falle, besonders wenn sie nur in große Stücke zerschnitten werden, leicht zu Magenbeschwerden führen, wodurch eine Pilzvergiftung vorgetäuscht wird. Die Verdaulichkeit der Pilze hängt vom Grad ihrer Zerkleinerung ab. Je größer die Pilzstücke sind, desto weniger wird ihr verdaulicher Inhalt vom Körper verarbeitet, weil die der Pflanzenfaser entsprechende, aber chemisch anders zusammengesetzte Pilzrohfaser, das Chitin, das die Gerüstsubstanz der Pilze bildet, den Verdauungssäften ihre Arbeit erschwert.

Es ist daher am richtigsten, wenn man die getrockneten Pilze einfach bis zur Pulverform zerkleinert. In dieser Form als Pilzpulver sind die Pilze bei trockener Aufbewahrung lange Zeit haltbar.

Das Pilzpulver ist leichtverdaulich, da durch die Zerkleinerung alle Nährstoffe den Verdauungssäften leicht zugänglich sind. Die Pilzfaser wirkt im Pilzpulver nicht mehr magen- und darmbeschwerend, sondern bewirkt eine angenehme, die Verdauung fördernde Darmbewegung und -anregung. Im Zusammenhang mit den Schweinefütterungsversuchen in Dresden-Kaditz, die ausführlich im Kapitel „Pilze als Futtermittel" geschildert werden, wurde die Verdaulichkeit der Stickstoffsubstanz einer Anzahl untersuchter Pilzpulver durch künstliche Verdauungsversuche bestimmt und dabei sowohl der pepsinverdauliche (magenverdauliche), als auch der trypsinverdauliche (darmverdauliche) Anteil ermittelt. In Tabelle IX sind die ermittelten Werte aufgezeigt; sie sind als sehr günstig zu bezeichnen.

Tabelle IX

Pilzart	Gesamtstickstoffsubstanz %	Pepsinverdaulicher Teil %	Trypsinverdaulicher Teil %	Gesamtverdaulichkeit %
Mischpilze	24,28	61,24	16,23	77,47
	21,44	61,56	18,74	80,30
	22,53	58,26	12,65	70,91
	19,36	54,80	15,82	70,62
	16,69	55,55	15,55	71,10
	19,90	54,92	15,38	70,30
	23,63	55,54	12,04	67,58
	23,19	63,20	14,15	77,35
	24,06	63,64	13,64	77,28
	21,88	55,94	13,07	69,01
Grünlinge	16,63	63,14	10,52	73,66
Pfifferlinge	16,63	59,19	14,47	73,66

Eine weitere wertvolle Eigenschaft des Pilzpulvers ist sein würziger Geruch und Geschmack. Bekanntlich wird die Verdaulichkeit der Speisen durch eine den Appetit anregende Würzung wesentlich gesteigert. Während bei den meisten Fleischspeisen und vielen anderen Speisen eine Würzung durch Zugabe von Wurzelwerk, Kräutern oder Gewürzen erforderlich ist, trägt das Pilzpulver außer dem Nährwert auch noch den Gewürzwert bereits in sich selbst, so daß jeder andere Gewürzzusatz entbehrlich wird.

Abb. 8. Sieblose Feinstmühle zur Herstellung von Pilzpulver (Typ Kolloplex 250 Y der Maschinenfabrik Alpine, Augsburg)

Während man Trockenpilze meist mehrere Stunden vorher einweichen muß, damit sie richtig quellen, ist diese vorbereitende Maßnahme bei Pilzpulver nicht notwendig. Es kann vielmehr bei der Zubereitung der Speisen, so wie es ist, genommen werden.

Die Herstellung des Pilzpulvers aus Trockenpilzen erfolgt, indem diese nochmals scharf nachgetrocknet und sofort anschließend gemahlen werden, da sie sonst sehr schnell Wasser anziehen. Nur wenn die Pilze wirklich trocken sind, lassen sie sich leicht mahlen, weil sie in diesem Zustand die erforderliche Sprödigkeit besitzen. Haben sie aber durch längeres Liegenlassen nach dem Trocknen erst wieder Luftfeuchtigkeit angezogen, so verlieren sie ihre Sprödigkeit, werden elastisch und nachgiebig und setzen in dieser Form dem Mahlen den größten Widerstand entgegen. Bei dem Mahlprozeß entwickeln sich verhältnismäßig hohe Wärmegrade, so daß das Pilzpulver leicht Verfärbungen erfährt und auch ein Verlust an Aromastoffen eintreten kann. Um dies zu verhindern, führt man die Vermahlung unter Zuführung eines Gasstromes (CO_2) durch. Man erhält auf diese Weise eine helle und aromatische Ware. Der Mahlprozeß kann in jeder gewöhnlichen Gewürzmühle durchgeführt werden. Für die Herstellung größerer Mengen benutzt man die sogenannten Schlagkreuzmühlen, die von der Maschinenfabrik Alpine, Augsburg, hergestellt werden.

Das fertiggestellte Pilzpulver bewahrt man am besten in verschließbaren Gefäßen, wie Blechdosen mit Deckel oder dergleichen auf. Hat man nur Papiertüten zur Verfügung, so sorge man wenigstens dafür, daß sie nicht feucht stehen. Pilzpulver in Papiertüten soll nicht zu lange aufbewahrt werden, da es allmählich doch wieder Wasser anzieht. In verschlossenen Behältern dagegen hält sich das Pulver monatelang, vorausgesetzt, daß die Trocknung ausreichend war.

Zur Herstellung von Pilzpulver eignen sich folgende Arten: Lorcheln und Morcheln, Trüffeln, junge Bovistarten, außer dem Kartoffelbovist, Krause Glucke, Bärentatze, alle eßbaren Röhrlingsarten, wie Steinpilz, Birkenpilz, Maronenpilz usw., alle eßbaren Täublinge, der echte Reizker, die eßbaren Champignonarten, Grünlinge, Mehlpilz, Stockschwämmchen, Mairitterling, Herbsttrompete, selbstverständlich ganz besonders der Nelkenschwindling und der Mousseron (Knoblauchpilz). Während man für Trockenpilze den Pfifferling, den Schafporling und den Habichtspilz nicht empfehlen kann, da sie sehr hart werden, sind sie zur Herstellung von Pilzpulver infolge ihres würzigen Geschmackes hervorragend geeignet. Einem guten Pilzkenner wird es ohne weiteres möglich sein, noch mehr Sorten zu verwenden.

Die Herstellung von Pilzpulver für den persönlichen Bedarf ist Sache jedes einzelnen. Wenn aber Pilzpulver fabrikmäßig auf vorstehende Art hergestellt werden soll, so sind allerhand Einschränkungen zu machen. Der kaufmännische Sinn vieler Menschen neigt leider dazu, in erster Linie auf den Gewinn zu sehen, und erst in zweiter Linie wird das Verantwortungsbewußtsein mitsprechen, nur einwandfreie und hochwertige Ware zu erzeugen. Da man in dem fertigen Pilzpulver die Ursprungssubstanzen jedoch praktisch nicht mehr feststellen kann, so ist es aus gesundheitspolizeilichen Erwägungen nicht angängig, daß jeder Fabrikant sich mit der Herstellung von Pilzpulver befaßt, sondern die Herstellung dieses Artikels sollte nur wenigen großen Firmen vorbehalten bleiben, die Gewähr dafür bieten, daß nur hochwertige, madenfreie und gesundheitlich unbedenkliche Rohprodukte Verwendung finden.

Bei einer solchen Firma muß ein Pilzfachmann die zu verarbeitenden Rohstoffe prüfen und die Herstellung überwachen. Die Verpackung muß dann in genormten Behältnissen sowohl für Groß- und auch für Kleinverbraucher erfolgen, damit der Konsument die Gewähr hat, ein Erzeugnis stets gleichbleibender Güte zu erhalten, was der Einführung und dem Absatz des neuartigen Erzeugnisses nur von Vorteil sein kann. Auf diesen Behältnissen muß außer der handelsüblichen Bezeichnung auch das Jahr der Pilzernte vermerkt sein, da durch langjähriges Lagern eine erhebliche Wertverminderung, besonders in geschmacklicher Hinsicht, eintritt. Für den Großverbraucher genügen Blechgefäße, für den Kleinverbraucher sind Gläser in der Art der Reagenzgläser (der Chemiker) am geeignetsten, da darin jede Veränderung, insbesondere durch Schädlingsbefall sofort zu bemerken ist. Soweit das Pilzpulver aus aromareichen Trockenpilzen hergestellt ist, kann es in den Einzelhandel gelangen und wird am besten in geschlossenen Behältnissen aus Papier oder Cellophan mit aufgedruckter Gebrauchsanweisung verkauft. Pilzpulver aus aromaschwachen oder aromalosen Pilzen wird in Nahrungsmittelfabriken geleitet, wo es als Eiweißträger zu Suppenwürfeln, Suppenpulvern, Pasten, Soßen, Soßenpulvern und dergleichen zugesetzt wird.

Mehrere untersuchte Pilzpulver aus Mischpilzen enthielten durchschnittlich 20—25% Eiweiß. Die Zusammensetzung des Pilzpulvers aus einzelnen Pilzarten entspricht der des Ausgangsmaterials.

Das Pilzpulver wird in der Küche äußerst vielseitig verwendet. Jede einfache Suppe kann durch Zugabe von Pilzpulver wohlschmeckend gemacht werden. Ebenso kann es zu Graupen, Nudeln oder Reis zugesetzt werden. Bei Herstellung von Fleischklößchen kann ein Teil des Fleisches durch Pilzpulver ersetzt werden. Aus Pilzpulver allein ohne Fleischzusatz erhält man wohlschmeckende Pilzklößchen. Vorzüglich ist das Pilzpulver in Mischung mit Mehl zum Panieren von Fleisch- und Fischspeisen geeignet. Bratensoßen werden durch Zusatz von Pilzpulver würziger. Eine Pilzbrühe als Beiguß zu Kartoffelsalat gibt einen feinen und pikanten Geschmack. Der Wurst beigemischt, gibt Pilzpulver eine würzige Pilzwurst, die auch geräuchert werden kann. Jeder geübte Koch wird unschwer noch weitere Verwendungsmöglichkeiten für Pilzpulver finden. Da vielen Verbrauchern die vielseitigen Verwendungsmöglichkeiten des Pilzpulvers noch nicht genügend bekannt sind, so empfiehlt es sich, den Pilzpulverpackungen Gebrauchsanweisungen beizugeben.

Pilzpulver aus Preßrückständen

Die bei der Extraktherstellung anfallenden Preßrückstände sind zwar eines wesentlichen Teiles ihrer Aromastoffe beraubt, aber immer noch als wertvolles, insbesondere eiweißreiches Lebensmittel anzusprechen, weil, wie schon im Kapitel „Pilzextrakt" erwähnt wird, nur ein Fünftel aller Inhaltsstoffe der Pilze in den Extrakt übergehen und vier Fünftel in den Preßrückständen zurückbleiben. Die ausgepreßten Pilze werden bei niedriger Temperatur erst vorgetrocknet, dann schärfer nachgetrocknet und schließlich fein gemahlen. Die so gewonnenen Pilzpulver besitzen infolge ihres niedrigen Wassergehaltes eine gute Haltbarkeit und Lagerfähigkeit. Was hinsichtlich der chemischen Zusammensetzung von Pilzextrakt gesagt wurde, gilt auch von dem aus Preßrückständen gewonnenem Pilzpulver. Es enthält die einzelnen Nährstoffe in demselben Verhältnis, wie sie in den Frischpilzen vorhanden sind. In der folgenden Tabelle folgt die Zusammensetzung einiger untersuchter Pilzpulver aus Preßrückständen.

Tabelle X

Pilzart	Wasser %	Stickstoffsubstanz %	Mineralstoffe %	Alkalität der Mineralstoffe in ccm Normalalkali	Sand %	Sandfreie Mineralstoffe %
Mischpilze	9,18	24,28	11,83	41,0	6,07	5,76
	10,52	21,44	11,56	35,0	6,02	5,54
	8,48	22,53	13,85	37,0	8,31	5,54
	8,56	19,36	13,32	55,0	7,24	6,08
	8,70	19,69	11,34	55,0	5,12	6,22
	8,40	19,90	10,56	53,0	4,82	5,74
	9,74	23,63	14,14	35,0	8,30	5,84
	8,58	23,19	10,56	39,0	5,02	5,54
	7,54	24,06	11,16	37,0	5,32	5,84
	7,92	21,88	13,24	50,0	7,20	6,04
Grünlinge . . .	8,50	16,63	15,30	58,0	7,26	8,04

Auf Grund der in der Tabelle erhaltenen Werte kann die Zusammensetzung der Pilzpulver aus Preßrückständen als ziemlich gleichmäßig bezeichnet werden. Bei den Mineralstoffen wäre zu erwähnen, daß ganz ähnlich wie bei den Pilzextrakten die Summe der alkalischen Bestandteile wesentlich höher war als die der sauren. Der verhältnismäßig hohe Sandgehalt ließe sich durch sorgfältigere Reinigung zweifellos noch weiter herunterdrücken.

Pilzpulver aus Preßrückständen ist natürlich nicht so hochwertig, wie das im vorhergehenden Kapitel behandelte Pilzpulver aus Trockenpilzen, läßt sich aber wie dieses in vielseitigster Weise verwenden, wobei zu berücksichtigen ist, daß es etwas weniger ausgiebig ist. Normalerweise soll es nicht in den Einzelhandel gelangen, sondern in Lebensmittelbetriebe geleitet und dort zu Suppenwürzen, Brühpasten und ähnlichen Erzeugnissen weiter verarbeitet werden. Es gibt hier allerhand Möglichkeiten, und einem rührigen und fortschrittlichen Fabrikanten wird es nicht schwer fallen, durch sinnreiche Kombinationen und Verarbeitung mit anderen Stoffen zu neuen Produkten zu gelangen, die nicht nur gehaltreich, sondern auch wohlschmeckend sind und den Beifall der Verbraucher finden. Es sind bereits Erzeugnisse von Pilzpulver aus Preßrückständen in Pastenform mit würzenden Kräutern und Gemüsen hergestellt worden, die sich als recht schmackhaft und brauchbar erwiesen haben.

Die Fabrikation von Pilzextrakt und Pilzpulver aus Preßrückständen soll nur von leistungsfähigen Firmen durchgeführt werden, die von den zuständigen Fachverbänden hierzu zugelassen sind. Da der Gewinn bei dieser Fabrikation hauptsächlich im Pilzextrakt liegt, so fällt besonders bei Verarbeitung sehr großer Mengen billiger Mischpilze das Pilzpulver in solcher Masse und so preiswert an, daß auch noch an eine andere Verwendungsmöglichkeit desselben gedacht werden kann und zwar an seine Verwendung als Futtermittel. Über diese Frage wird eingehend von mir noch im Kapitel „Pilze als Futtermittel" berichtet werden.

Pilztabletten

In den letzten Jahren sind als neuartige Pilzerzeugnisse Pilztabletten in den Handel gebracht worden. Der Schaffung dieses Erzeugnisses lag die Absicht zugrunde, den Pilzextrakt durch Vermischen mit Pilzpulver und Tablettieren der Mischung in feste Form zu bringen, dadurch leichter dosierbar und gleichzeitig auch haltbarer zu machen. Um dieses Ziel zu erreichen, mußte versucht werden, die größtmögliche Menge Pilzextrakt in der geringstmöglichen Menge Pilzpulver unterzubringen. Wenn auch in einer derartigen Mischung der Pilzextrakt der Hauptträger des Aromas ist, so soll das Pilzpulver doch nicht indifferent sein, sondern auch von sich aus zum Wohlgeschmack des Erzeugnisses beitragen. Das Pilzpulver muß daher zum mindesten teilweise aus aromatischen Pilzen bestehen. Versuche mit verschiedenen Mischungsverhältnissen zeigten, daß mit einer Mischung von 50% Pilzextrakt und 50% Pilzpulver das beste Ergebnis erzielt wurde.

In der folgenden Tabelle sind die Untersuchungsergebnisse einiger Muster-Pilztabletten aufgezeigt:

Tabelle XI

Mischungsverhältnis	Wasser %	Extrakt %	Stickstoff-substanz %	Mineral-stoffe %
Pilzpulver mit 20% Pilzextrakt	5,91	39,80	22,05	12,55
Pilzpulver mit 30% Pilzextrakt	7,11	40,25	21,21	12,48
Pilzpulver mit 50% Pilzextrakt	8,41	43,70	20,83	12,71

Die Tabletten mit 50% Pilzextrakt zeigten nach ¼stündigem Kochen in Wasser einen kräftigen Pilzgeruch und -geschmack. Sie lassen sich in verschiedenen Größen, je nach Bedarf herstellen. Für die Verwendung in der Küche muß jeder Packung eine Gebrauchsanweisung beigelegt werden.

Die Herstellung der Pilztabletten zeigt einen neuen Versuch, Pilzprodukte in haltbarer Form herzustellen, die sich durch einen möglichst geringen Wassergehalt auszeichnen und dadurch die Haltbarkeit des Produktes wesentlich erhöhen, und weiter der Hausfrau die Verwendung der Pilzprodukte möglichst in der Küche zu vereinfachen und zu erleichtern.

Pilzextrakt

Die Herstellung von hochwertigem Pilzextrakt in größeren Mengen konnte bis jetzt noch nicht durchgeführt werden, da die pilzverarbeitende Konservenindustrie zum überwiegendem Teil noch nicht im Besitz der dazugehörigen Spezialapparatur (Vacuumapparat) ist. Diese sind im Preise außerordentlich hoch, und nur nach und nach werden diese Apparate angeschafft werden können.

Pilzextrakt wird von Pilzliebhabern durch mehrmaliges Auskochen der zerschnittenen Pilze hergestellt, indem die erhaltenen Auszüge unter Salzzusatz bis zur Sirupdicke eingedampft werden, der dann längere Zeit haltbar ist. Abgesehen von der Umständlichkeit des Verfahrens bringt das lange Kochen eine merkbare Wertminderung sowohl in geschmacklicher als auch in biologischer Hinsicht mit sich. Da von der Pilztrockensubstanz nur etwa 20—25% in Lösung gehen, so bleiben jedesmal erhebliche Rückstände, die wohl nur in Einzelfällen eine zweckentsprechende Verwertung finden.

Die industrielle Herstellung von Pilzextrakt wird auf Grund der Erfahrungen, die in der Versuchsanlage Waldow, auf die noch in einem besonderen Kapitel eingegangen wird, nach folgendem Verfahren hergestellt: Die Pilze werden geputzt und kurz gewaschen, wobei sie noch 10—20% Wasser aufnehmen. Dann werden sie in einer Zerreißmaschine grob zerkleinert und mit Hilfe einer hydraulichen Presse so lange gepreßt, bis kein Saft mehr ausfließt. 100 Kilo Pilze geben 70—80 Kilo Preßsaft. Der Preßsaft wird im Vacuumapparat (Umlaufverdampfer) bis zum spez. Gewicht 1,15—1,2 eingedickt, was einen Gehalt von etwa 30% Trockensubstanz entspricht. Nach Ablassen aus dem Vacuumapparat wird der Extrakt mit etwa 4% Kochsalz versetzt und mit 0,15% benzoesaurem Natrium 0,1 % Ester der Benzoesäure haltbar gemacht. Da sich das Koch-

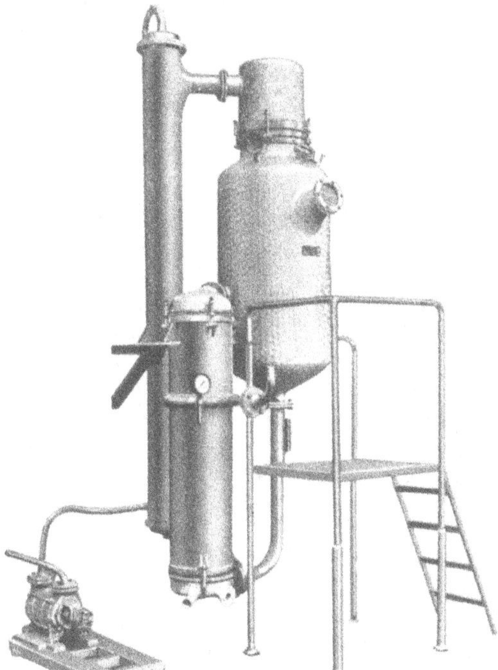

Abb. 9. Vacuum-Verdampfungsanlage zur Herstellung von Pilzextrakt (Fa. Jakob Schirsner, Unterhaching bei München)

salz und das benzoesaure Natrium nur schwer in dem verhältnismäßig dickflüssigen Extrakt lösen, so ist es zweckmäßig, beide Stoffe vorher in nicht zu viel Wasser zu lösen. Gelöst lassen sie sich unschwer gleichmäßig im Extrakt verteilen.

Zum Fabrikationsprozeß seien noch einige Erläuterungen gegeben. Eine stärkere Zerkleinerung der Pilze vor dem Pressen etwa in der Weise, daß man sie durch den Wolf treibt, hat sich nicht bewährt. Die Presse wird verschmiert, die Ausbeute an Preßsaft ist geringer, und die ausgepreßten Pilze sind schwer zu trocknen.

Zum Pressen eignen sich am besten die in den Süßmostkeltereien benützten hydraulichen Obstpressen. In den Preßsaft gehen durchschnittlich 20% aller Inhaltsstoffe über. Der fertige Pilzextrakt enthält die Nährstoffe der Pilze im gleichen Verhältnis wie sie sich in den frischen Pilzen befinden. Lediglich die Mineralstoffe sind im Extrakt etwas stärker angereichert. Darüber berichtet auch eine Tabelle, die ich im Verlauf des Kapitels noch anführen werde.

Der Preßsaft muß möglichst bald nach dem Pressen eingedampft werden, weil er wenig haltbar ist. Bei richtiger Bedienung des Vacuumapparates steigt die Temperatur beim Eindicken nicht über 60—65° C.

Abb. 10. Vacuum-Trockenschrank-Anlage
(Typ TS IV der Mako-Union, Frankfurt am Main)

Als zweckmäßigster Vacuumapparat hat sich nach meinen bisherigen Beobachtungen die Vacuum-Umlaufverdampferanlage Type Ul der Firma Mako-Union, Frankfurt a. Main, mit etwa 200 Kilo stündlicher Verdampfleistung erwiesen, die größeren Anlagen besitzen 500 Kilo und 1000 Kilo stündliche Verdampfleistung. Nach meiner Ansicht kommen die Betriebe bereits mit der kleinsten Anlage recht gut aus. Der Vacuumapparat kann übrigens nicht nur zur Herstellung von Pilzextrakt, sondern auch zur Herstellung von hochwertigen Marmeladen, Vitaminkonzentraten, Gemüsekonzentraten usw. Verwendung finden. Die Temperatur von 60—65° beim Eindicken ist insofern von Bedeutung, als bei dieser niedrigen Temperatur die Aroma- und Wirkstoffe der Pilze weitgehend geschont und erhalten werden. Außerdem hat sich ergeben, daß beim Eindicken im Vacuum noch weitere Aromastoffe zur Entwicklung gelangen. Zieht man noch in Betracht, daß das Eindicken im Vacuum um ein Mehrfaches schneller geht als im offenen Kessel, so leuchtet ein, daß ein im Vacuum gewonnener Pilzextrakt, einen durch Eindampfen im offenen Kessel bei 100 und mehr Grad hergestellten, an Aroma und Würzkraft weit überragt.

Beim Eindicken im Vacuum neigt der Pilzpreßsaft zum Schäumen. Um ein Überschäumen in der Apparatur zu verhindern, empfiehlt es sich,

Abb. 11. Vacuum-Verdampfungsanlage zur Herstellung von Pilzextrakt (Typ U III der Mako-Union, Frankfurt am Main)

zunächst das Vacuum zu erzeugen und den Dampf auf 2—3 Atmosphären einzustellen und dann erst so viel Preßsaft einzuziehen, daß der Kocher zu etwa ein Fünftel gefüllt ist. Beim Nachziehen von Preßsaft während der Verdampfung soll diese Füllhöhe nicht überschritten werden.

Das Fortschreiten der Eindickung im Vacuum kontrolliert man durch Bestimmung des spez. Gewichtes mit Hilfe einer Senkspindel. Hierfür läßt man sich am besten beim Glasbläser eine besondere Senkspindel, die auf genügend langer Skala den Meßbereich von 1,1—1,25 umfaßt und einen dazu passenden Glaszylinder anfertigen. Man kann das spez. Gewicht aber auch einfach durch genaues Auswiegen bestimmter Volumina ermitteln.

Der Zusatz von 4% Kochsalz zum fertigen Extrakt bewirkt eine Abrundung und ein geschmacklich stärkeres Hervortreten des spezifischen Pilzaromas. Der Zusatz von 0,15 % benzoesaurem Natrium oder 0,1 % Ester der Benzoesäure ist notwendig, da sonst der Pilzextrakt wegen seines hohen Wassergehaltes und der Gegenwart von Eiweißstoffen zu schnell in Gärung geraten würde. Bei Zusatz des Konservierungsmittels und bei zweckmäßiger Lagerung hält sich der Pilzextrakt ohne weiteres eine geraume Zeit.

Zur Extraktherstellung eignen sich am besten Mischpilze aller Art, weil man dann in laufender Produktion einen Pilzextrakt mit gleichbleibend einheitlichem und ausgeglichenem Aroma erhält. Nur ist zu empfehlen, bei den einzelnen Chargen nicht zu viel Röhrlingsarten (Boletus-Arten) zu verwenden, weil sonst das Auspressen zu stark erschwert wird. Selbstverständlich kann man aber auch, wie in der Versuchsanlage Waldow durchgeprüft wurde, Pilzextrakte aus einzelnen Pilzarten herstellen, die dann das diesen Pilzarten eigentümliche Aroma in ausgeprägter Form enthalten.

Die Ausbeute an Extrakt bei Verarbeitung von Frischpilzen ergibt sich aus folgender Aufstellung:

Pilze enthalten durchschnittlich 88—92% Wasser, also 8—12% feste Inhaltsstoffe. Von diesen festen Inhaltsstoffen geht nach den gemachten Feststellungen ein Fünftel, also 1,6—2,4% in den Preßsaft über. 100 Kilo Pilze geben frisch abgepreßt 70 Kilo Preßsaft, der also 1,6—2,4 Kilo feste Inhaltsstoffe enthält. Da die Pilze bei dem kurzen Waschen, das in der Praxis vor dem Pressen zwecks Reinigung durchgeführt wird, Wasser aufnehmen, so wird der Preßsaft dadurch etwas dünner. Man kann daher annehmen, daß 100 Kilo Preßsaft 1,6—2,4 Kilo Trockenmasse enthalten. Eingedickt wird durchschnittlich auf 30% Trockenmasse. Die Anfangstrockenmasse ist somit 1,6—2,4%, die Endtrockenmasse 30%. Der Preßsaft wird also auf den 13.—19.Teil eingedampft. Als Endprodukt erhält man demnach aus 100 Kilo Frischpilzen 5,3—8 Kilo Extrakt mit 30% Trockenmasse.

Der nach den vorstehenden Angaben gewonnene Pilzextrakt ist eine eiweiß- und mineralstoffreiche, braunschwarze, sirupartige Flüssigkeit. Er ist an Aroma und Wohlgeschmack den besten Suppenwürzen des Handels mindestens gleichwertig und dient wie diese zum Schmackhaftmachen aller möglichen Speisen.

Es ist wichtig, darauf hinzuweisen, daß der Pilzextrakt ein rein natürliches Erzeugnis ist, das die Inhaltsstoffe der Pilze in unverändertem ursprünglichen Verhältnis enthält. Infolge seiner hohen Würzkraft, seiner bequemen Anwendungsform, seiner vielseitigen Verwendbarkeit und seiner Haltbarkeit ist er dazu berufen, besonders überall dort eine wichtige Rolle zu spielen, wo regelmäßig das Essen in sehr großen Mengen hergestellt werden muß, wie in Großküchen, Werkkantinen und Gemeinschaftslagern und wo naturgemäß dem Geschmack der Speisen nicht dieselbe Sorgfalt zugewandt werden kann, wie im Einzelhaushalt. Ich bin jedenfalls der Überzeugung, daß ein wirklich guter Pilzextrakt für uns einmal ein wichtiger Exportartikel werden kann.

Bevor ich die Zusammensetzung einer Anzahl Pilzextrakte gebe, möchte ich noch einiges über die interessanten Untersuchungen von W. Friese bringen, die er über pH-Werte von Pilzpreßsäften gemacht hat. Nach seinen Angaben liegt der pH-Wert von 122 untersuchten verschiedenen Pilzarten zwischen 4,19 und 7,32, wobei ein Wert von über 7, also nach der alkalischen Seite hin, nur bei einer einzigen Pilzart, nämlich dem Baumporling (junge Exemplare) zu verzeichnen war. Die übrigen Werte lagen unter 7, also nach der sauren Seite hin. Die pH-Werte der einzelnen Pilzarten waren nicht konstant; Bodenuntergrund und Witterungsverhältnisse spielten hier eine Rolle. Die pH-Werte der meisten Röhrenpilze lagen unter 5. Es bestehen gewisse Unterschiede zwischen den pH-Werten junger und alter Pilze der gleichen Sorte, wie auch zwischen denen von Hut, Stiel und ganzem Pilz.

In der folgenden Tabelle gebe ich nun die Zusammensetzung einer ganzen Anzahl Pilzextrakte, die von mir im Laufe der letzten Jahre untersucht wurden.

Tabelle XII

Pilzart	Herkunft	Spez. Gewicht bei 15°	Trockensubstanz %	Stickstoffsubstanz %	Mineralstoffe %	Alkalität der Mineralstoffe in ccm Normalalkali
Grauer Ritterling	Waldow	1,153	31,60	6,55	6,75	47,4
Grünling	,,	1,216	45,80	8,88	9,30	53,2
Sandpilz	,,	1,188	41,30	7,10	6,05	30,0
Habichtspilz	,,	1,170	34,04	5,74	6,34	47,0
Hallimasch	,,	1,180	34,18	6,30	7,41	78,0
Rotbrauner Milchling	,,	1,114	27,32	6,84	6,76	53,0
Pfifferling	Bayr. Wald	1,150	31,70	5,92	8,89	—
Pfifferling	,,	1,150	30,68	4,86	7,23	—
Mischpilze	,,	1,160	32,61	8,04	6,94	—
Mischpilze	,,	1,180	37,75	8,70	6,55	—
Mischpilze	,,	1,180	37,61	9,16	8,99	—
Mischpilze	,,	1,170	33,96	7,75	6,41	—
Mischpilze	Viechtach	1,101	24,20	6,12	4,63	—
Mischpilze	Stubenbach	1,119	28,70	5,50	5,43	45,6
Mischpilze	,,	1,129	28,70	5,56	5,28	46,4
Mischpilze	,,	1,129	30,80	4,25	5,26	40,1

Zu vorstehender Tabelle möchte ich noch bemerken, daß Pfifferlinge für sich allein zur Extraktgewinnung nicht geeignet sind. Reiner Pfifferlingsextrakt schmeckt herb, sauer und wenig aromatisch. Pfifferlinge werden am besten dem Frischpilzmarkt zugeführt, für den sie ihrer Haltbarkeit wegen besonders geeignet sind, oder werden beim Massenanfalle siliert bzw. in Dosen konserviert. Einen geruchlich und geschmacklich ausgezeichneten Extrakt liefern die Grünlinge. Auch die Extrakte von Schneepilz (Grauer Ritterling), Habichtspilz und Sandpilz sind in bezug auf Aroma und Wohlgeschmack hochwertig. Selbstverständlich können auch noch aus anderen Pilzarten aromakräftige Extrakte hergestellt werden.

Für die Fabrikation im großen kommt in erster Linie die Herstellung von Extrakt aus Mischpilzen in Betracht. Die in der Versuchsanlage Waldow hauptsächlich aus geringwertigen Mischpilzen hergestellten Pilzextrakte haben sich bis jetzt als die besten erwiesen. Der Säuregehalt dieser Extrakte, der regelmäßig bestimmt wurde, lag zwischen 8 und 20 ccm Normalsäure, bezogen auf 100 g Extrakt. Demgegenüber war der Säuregehalt in Pfifferlingsextrakten wesentlich höher, er betrug zwischen 40—60 ccm Normalsäure, bezogen auf 100 g Extrakt mit gleicher Trockensubstanz.

Im folgenden gebe ich noch eine kurze Schilderung der Herstellung von Pilzextrakt aus Trockenpilzen, aus frischen, scharf und brennend schmeckenden Täublings- und Milchlingsarten und aus getrockneten derselben Gattung.

Pilzextrakt aus Trockenpilzen: Die Trockenpilze werden mit etwa 70° warmem Wasser (etwa 5fache Menge) 4—5 Stunden eingeweicht und dann weiter nach der Vorschrift der Herstellung von Extrakt aus Frischpilzen behandelt. Etwa überschüssiges Einweichwasser wird mit dem Preßsaft zusammen eingedickt. Der Extrakt aus Trockenpilzen wird genau so angewandt wie der aus Frischpilzen.

Pilzextrakt aus frischen, scharf und brennend schmeckenden Täublings- und Milchlingsarten: Die Pilze werden zunächst genau so behandelt (geputzt, gewaschen, grob zerkleinert und gepreßt), wie das bei der Herstellung von Extrakt aus Frischpilzen geschildert ist. Der Preßsaft wird jedoch nicht sofort in den Vacuumkocher gebracht, sondern vorher im offenen Bottich erhitzt und etwa ½ Stunde im Kochen erhalten. Erst dann wird er im Vacuum bis zum spez. Gewicht 1,15—1,2 eingedampft. Der Extrakt wird dann nochmals etwa ¼ Stunde im offenen Kessel erhitzt. Nach dem Abkühlen setzt man ihm 4% Kochsalz und 0,15% benzoesaures Natrium oder 0,1 % Ester der Benzoesäure zu.

Durch das Erhitzen des Preßsaftes vor dem Eindicken und des fertigen

Extraktes erreicht man auf einfachste Weise eine teilweise Beseitigung der scharf und brennend schmeckenden Stoffe, weil diese temperaturempfindlich sind. Eine vollständige Entfernung derselben gelingt nicht. Die gewonnenen Erzeugnisse weisen daher neben dem Pilzaroma noch einen eigenartig herben Geschmack auf, der ihrer Verwendung bestimmte Grenzen setzt. Derartige Extrakte eignen sich jedoch sehr für die Herstellung pikanter Sossen, Fischmarinaden und dergleichen.

Pilzextrakt aus getrockneten, scharf und brennend schmeckenden Täublings- und Milchlingsarten: Am geeignetsten hat sich folgende Arbeitsweise gezeigt: 100 Kilo Trockenpilze werden in einem offenen, aufgebockten und unten mit seitlichem Ablaßhahn versehenen Holzbottich mit 430 Liter Wasser übergossen und durch Einleiten von direktem Dampf (durch eine am Boden befindliche Spirale) zum Kochen gebracht. Unter weiterem Dampfeinleiten wird dann 1 Stunde mäßig gekocht. Der Dampf wird dann abgestellt und die Pilze noch eine halbe Stunde ziehen gelassen. Dann läßt man den wässerigen Auszug durch den Ablaßhahn in Behälter ablaufen. Die Pilze läßt man so weit abkühlen, daß man damit hantieren kann, ohne sich zu verbrennen. Dann preßt man sie ab, und dickt den Preßsaft zusammen mit dem wässerigen Auszug im Vacuum bis zum spez. Gewicht 1,15—1,2 ein. Der eingedickte Extrakt wird eine Viertelstunde im offenen Kessel erhitzt. Nach dem Abkühlen wird er mit etwa 4% Kochsalz und 0,15% benzoesaurem Natrium oder 0,1 % Ester der Benzoesäure in der bereits oben geschilderten Weise versetzt und ist dann fertig zum Versand. Der in dieser Weise hergestellte Pilzextrakt hat folgende Zusammensetzung:

Gesamtextraktstoffe	30%
Eiweißstoffe	6—9%
Mineralstoffe (außer Kochsalz)	5—8%

Von diesem Pilzextrakt wurden in den letzten Kriegsjahren in unserer Versuchsanlage Waldow große Mengen aus vielen 100000 Kilo getrockneter Pfeffermilchlinge hergestellt, die besonders aus der Steiermark und der Slowakei kamen. Dieser Pfeffermilchlingsextrakt wurde zum größten Teil von der Lebensmittelindustrie auf pikante Soßen weiterverarbeitet. Zur Kennzeichnung der Pilzextrakte wäre zu verlangen, daß die sortenreinen Pilzextrakte als solche nach der verwendeten Pilzart bezeichnet werden. Während alle Gemische aus verschiedenen Pilzarten als „Mischpilzextrakt" zu kennzeichnen sind. Die chemische Konservierung wäre durch den Vermerk „chemisch konserviert" kenntlich zumachen. Die übrigen Anforderungen an Pilzextrakt sind im Kapitel „Untersuchungen und Beurteilung von Pilzen und Pilzerzeugnissen" zu finden.

Vorteile der Pilzverarbeitung auf Pilzextrakt und Pilzpulver

Bei dem geschilderten Verfahren der Pilzverarbeitung auf Pilzextrakt und Pilzpulver ergeben sich folgende Vorteile, die für seine Beurteilung von besonderer Bedeutung sind.

1. Die Gefahr einer Pilzvergiftung ist ausgeschlossen, da bereits bei der Annahme der Pilze im Pilzverarbeitungsbetrieb eine Kontrolle stattfindet und alle etwa mitangelieferten giftigen oder auch nur verdächtigen Pilze ausgeschieden werden. Es könnte also höchstens einmal versehentlich ein giftiges Exemplar mit zur Verarbeitung gelangen. Die Fertigprodukte werden aber zwecks Erzielung eines möglichst gleichmäßigen Produktes weitgehendst vermischt, da erfahrungsgemäß Pilzmischgerichte in bezug auf Aroma und Geschmack besser ansprechen, als Pilzgerichte aus nur einer Sorte, von Edelpilzsorten abgesehen. Durch diese Mischung wird das Gift eines Pilzes so verdünnt, daß es unwirksam wird. Überdies werden die anfallenden Extrakte und Pulver, bevor sie in den Verkehr kommen, laufend chemisch und biologisch kontrolliert.

2. Die anfallenden Produkte sind haltbar. Der Pilzextrakt ist in geschlossener Flasche oder Dose, aber auch im geöffneten Behälter infolge seines Kochsalzgehaltes und des Gehaltes an Benzoesäure oder deren Derivate längere Zeit vor dem Verderben geschützt. Das Pilzpulver ist bei sachgemäßer Verpackung ebenfalls haltbar, muß aber natürlich, sobald es in kleineren Packungen aufbewahrt wird, alsbald verbraucht werden, da es hygroskopisch und bei Überschreitung eines Wassergehaltes von 12% anfällig gegen Schädlinge ist. Das Pilzpulver aus Preßrückständen soll möglichst nicht in den Einzelhandel gelangen, sondern in nährmittelherstellenden Betrieben verarbeitet werden. Gelangt es dennoch in den Einzelhandel, so ist für ausreichende Kenntlichmachung Sorge zu tragen.

3. In der Form von Pilzextrakt und Pilzpulver wird die vollkommenste Ausnützung aller in den Pilzen enthaltenen Nähr- und Wirkstoffe gewährleistet, was durch eigene Versuche und durch Feststellung anderer Forscher bestätigt wurde.

4. Das Wachstum der Pilze ist zeitgebunden und in stärkstem Maße witterungsbedingt. Unbeeinflußbar durch den Menschen werden in dauerndem Wechsel Zeiten größten Pilzreichtums (1948) von solchen ausgesprochener Pilzarmut (1947) abgelöst. Es ist deshalb unmöglich, starre Sammler- und Abnehmerpreise festzusetzen. Die Preise müssen sich vielmehr nach dem jeweiligen Pilzanfall und nach dem Wert der Pilze richten. Andererseits wünscht die Staatsführung aus wohlüberlegten volkswirtschaftlichen Gründen möglichst stabile Preise für alle Erzeugnisse und besonders für solche, die der menschlichen Ernährung

dienen. Dieser Forderung kann bei der Herstellung von Pilzextrakt und Pilzpulver ziemlich weitgehend Rechnung getragen werden. Denn die laufende Verarbeitung von Pilzen mit ganz unterschiedlichen Preisen und die kontinuierliche Mischung größerer Posten der Fertigerzeugnisse bringen einen Preisausgleich mit sich, der es erlaubt, zum mindesten für ein Jahr stabile Preise für die Endprodukte aufzustellen.

5. Es liegt in der ganzen Art der Herstellung, in der kontinuierlichen Verarbeitung der verschiedenartigsten Pilze in wahlloser Mischung und im nachträglichen gründlichen Mischen größerer Partien Fertigware begründet, daß hierbei ein fortwährender Ausgleich der Unterschiede der einzelnen Pilze im Aroma und in der chemischen Zusammensetzung stattfindet und daß im Endergebnis Produkte von bemerkenswert gleichmäßiger Beschaffenheit erhalten werden. Dieser Punkt ist für die Verkehrsfähigkeit und die Wertschätzung der neuen Produkte besonders wichtig.

Pastenförmige Pilzerzeugnisse

Mehrere Firmen haben sich bemüht, durch Verarbeitung von Pilzmark, Pilzextrakt oder Pilzpulver mit anderen Stoffen und Zutaten, wie gemahlenen Würzkräutern und Gemüsen, Eiweiß und Hefehydrolysaten nach verschiedenen Methoden zu pastenförmigen Erzeugnissen zu gelangen. Der Erfolg dieser Bemühungen war unterschiedlich. Zum Teil wurden Erzeugnisse herausgebracht, die als durchaus brauchbar befunden wurden, während andere als nicht befriedigend erklärt werden mußten. Bei allen derartigen Versuchen muß immer wieder berücksichtigt werden, daß das Pilzaroma, so charakteristisch es an und für sich ist, doch leicht von anderen Stoffen, insbesondere von Hefepräparaten zurückgedrängt oder überdeckt wird.

Eine ganze Anzahl solcher Erzeugnisse, die unter den verschiedensten Bezeichnungen in den Handel gelangten, sind in der früher von mir geleiteten Staatlichen Chemischen Untersuchungsanstalt Dresden geprüft worden. In der Tabelle XIII gebe ich einige Untersuchungsergebnisse derartiger Produkte wieder.

Für die Beurteilung aller hierhergehörigen Pilzerzeugnisse ist besonders ihr Geruch und ihr Geschmack maßgebend. Nur wenn der Pilzgeruch und -geschmack klar und deutlich hervortritt, darf in ihrer Bezeichnung das Wort „Pilz“ Verwendung finden. Ist das aber nicht der Fall, dann muß eine andere Bezeichnung gewählt werden. Das in der Tabelle genannte Pilzmark aus Brätlingen *(Lactarius volemus)* wurde aus Brätlingen durch Blanchieren und feine Zerkleinerung (passieren) mit anschließender Steri-

Tabelle XIII

	Pilzkräuterpaste %	Pilzgemüsepaste %	Würzpaste %	Pilzsoßenwürze %	Pilzmark aus Brätlingen %
Wasser	63,20	74,31	53,65	47,29	89,20
Trockensubstanz	36,80	25,69	46,35	52,71	10,80
Stickstoffsubstanz	6,30	3,38	13,68	16,00	1,95
Stickstoffsubstanz in der kochsalzfreien Trockensubstanz	29,37	19,55	40,87	43,56	18,10
Mineralstoffe (ohne Kochsalz)	2,05	2,76	2,06	—	2,02
Kochsalz	15,35	8,40	12,88	15,98	—

lisierung in Gläsern hergestellt. Aus dem Produkt ließen sich sehr wohlschmeckende, fleischähnliche Pilzbouletten herstellen. Das Produkt war das beste im Geschmack von allen untersuchten Proben. Ohne Zweifel bestehen auf diesem Gebiet noch Entwicklungsmöglichkeiten.

Salzpilze

Zur Einsalzung der Pilze muß zunächst grundsätzlich folgendes gesagt werden. Ihre Anwendung ist ein Notbehelf, da der Verwendungszweck durch den verhältnismäßig hohen Salzgehalt eingeengt ist und auch vom physiologischen Standpunkt aus (Verlust von Nährsalzen) nicht als vorteilhaft betrachtet werden kann.

Die Salzung wurde im letzten Kriege in den russischen Wäldern von uns in großen Mengen durchgeführt und zwar in sogenannten Pulpstationen. Dadurch wurden viele 100000 Kilo Pilze, die sonst verloren gegangen wären, der Ernährung nutzbar gemacht. In normalen Zeiten wird man die Salzung nur in denjenigen Betrieben vornehmen, die keine andere ausreichende Konservierungsmöglichkeit besitzen. Hier und da wird man bei Massenanfall in den Stoßzeiten auf die Salzung zurückgreifen müssen. Aus diesem Grunde möchte ich auch auf die zweckmäßigste Art der Salzung eingehen.

Es eignen sich hierzu sowohl milde als auch scharf und brennend schmekkende Milchlings- und Täublingsarten nach Abkochung und anschließender kurzer Wässerung. Aber auch alle anderen eßbaren Arten eignen sich zur Salzung. Bei der Vorbehandlung der scharf und brennend schmeckenden Milchlingsarten wie auch der milden Arten kann das Kochwasser nach dem im Abschnitt Pilzextrakt angegebenen Verfahren auf Extrakt verarbeitet werden. Das Einsalzen soll stets sortenrein geschehen, wenigstens in der Fabrik.

Bei nicht scharf schmeckenden Arten ist eine Salzung ohne vorheriges Abkochen der Pilze möglich durch einfaches schichtweises Einstreuen von Pilzen und Salz, so daß das Endprodukt 5 — 8 % Salz enthält. Die gleichmäßige Verteilung des Salzes kann durch geringen Wasserzusatz (etwa 10%) beschleunigt werden. Bei der trocknen Salzung, die natürlich nur bei mild schmeckenden Arten angewandt werden kann, erhält man die besten Produkte. Es bleiben alle Wirkstoffe erhalten, nur nimmt der Vorgang der freiwilligen Lakebildung einige Zeit in Anspruch. Da die Pilze hierbei stark zusammenfallen, müssen später nochmals Salz und Pilze zugegeben werden. Eine Beschwerung des Pilzgutes mit Holzdeckel und Stein wirkt beschleunigend auf den Vorgang der Lakebildung. Nach Füllung eines Fasses ist dieses sofort zu schließen.

Werden scharf und brennend schmeckende Milchlings- und Täublingsarten verarbeitet, so ist beim Wässern derselben nach der Abkochung ausreichend zu kühlen, da sonst besonders bei warmer Witterung leicht Gärungserscheinungen auftreten können, und die Pilze dann bei der Weiterverarbeitung vollkommen zerfallen. Keinesfalls dürfen solche sauergewordenen Pilze weiter verarbeitet werden. Beachtet werden muß beim Einsalzen, daß das Pilzgut ständig mit Lake bedeckt ist. Sollte aus irgendeinem Grunde Lake verloren gegangen sein, so ist dieselbe nachzufüllen. Die Lagerung der Fässer muß luftig sein. Die Raumtemperatur soll 0 Grad nicht unterschreiten, aber auch möglichst nicht über + 5 Grad hinausgehen, besonders, wenn es sich um eine längere Lagerzeit handelt.

Da man in solchen Fässern den Inhalt von außen nicht ohne weiteres nachprüfen kann, so ist auch hier eine genaue Kennzeichnung erforderlich, die folgende Angaben umfaßt: Handelsübliche Bezeichnung des Inhalts (z. B. Grünlinge gesalzen), Inhaltsgewicht, Faßgewicht, Name des Herstellers, evtl. Kontrollnummer, Zeit der Aufbereitung. Wie schon oben erwähnt, soll das Einsalzen möglichst sortenrein geschehen. Sollten Mischpilze eingesalzen werden, so sind die verwendeten Pilzarten genau zu kennzeichnen.

Im Verlauf der letzten Jahre wurden von mir zahlreiche Proben Salzpilze auf ihren Kochsalzgehalt hin untersucht. Der Kochsalzgehalt schwankte bei den meisten untersuchten Proben zwischen 10 und 20%. Es muß immer wieder darauf hingewiesen werden, daß ein Zusatz von 5—8% Salz genügt, um Pilze haltbar einzulegen, wenn die sonstigen notwendigen Vorsichtsmaßregeln bei der Herstellung und Lagerung beachtet werden.

Interessant war noch die Untersuchung einer Probe Salzpilze aus Finnland (im Kriege wurden eine größere Menge von Salzpilzen von Finnland eingeführt). Die Untersuchung ergab, daß geringwertige Pilzarten vorhanden waren, unter denen sich auch der in Deutschland kaum bekannte nördliche Milchling *(Lactarius trivialis)* befand.

Zum Abschluß des Kapitels gebe ich in einer Tabelle die Untersuchung und Zusammensetzung von zwei Proben Salzpilzen an.

Tabelle XIV

	Probe I		Probe II	
	Pilze	Lake	Pilze	Lake
Inhalt	349 g	310 g	570 g	182 g
% Wasser	79,06	83,30	75,30	77,82
% Trockensubstanz	20,94	16,70	24,70	22,18
% Kochsalz	12,57	12,57	16,67	16,67
% salzfreie Trockensubstanz	8,37	4,13	8,03	5,51
% Stickstoffsubstanz	1,97	1,53	1,09	1,31
bezogen auf salzfreie Trockensubstanz	23,54	37,05	13,57	37,04
% Mineralstoffe	0,77	0,75	0,71	0,79
bezogen auf salzfreie Trockensubstanz	13,58	23,78	8,84	14,34

Silieren der Pilze

Ähnlich wie bei Gemüse ist auch bei Pilzen eine Silierung oder Einsäuerung möglich. Unter Silierung oder Silage ist ein biologisches Einsäuerungsverfahren zu verstehen. Es besteht darin, daß die Pilze in Fässern oder sogenannten Silagekammern einer Milchsäuregärung unterworfen werden. Die gebildete Milchsäure und wahrscheinlich auch noch andere bei der Gärung in geringen Mengen entstehende antibiotisch wirkende Stoffe verleihen den silierten Pilzen eine längere Haltbarkeit.

Die Silierung der Pilze kann in ihrer Durchführung mit der Fabrikation von Sauerkraut aus Weißkraut verglichen werden oder auch mit der Herstellung von eingesäuertem Gemüse, die jedesmal dann in den Konservenfabriken in großem Umfange durchgeführt wird, wenn ein Mangel an Verpackungsmaterial entsteht. Das Gemüse macht hier gleichfalls in Fässern eine Milchsäuregärung durch und wird dadurch haltbar.

Ein Vorteil des Silierungsverfahrens besteht darin, daß es keine Apparatur benötigt, sondern nur einen genügenden Vorrat an Fässern zur Voraussetzung hat. Wenn sauber gearbeitet wird und die Vorsichtsmaßnahmen, die jedes biologische Verfahren erfordert, eingehalten werden, kann es kaum zu Fehlfabrikaten kommen. Weil die Silierung auf einfachem Wege eine Haltbarmachung auch großer Pilzmengen auf längere Zeit gestattet, ist sie besonders dann zu empfehlen, wenn es gilt, einen Massenanfall von Pilzen zu verarbeiten. In diesem Fall ist es auch möglich, die Silierung in besonderen Silagekammern vorzunehmen.

Große Mengen silierter Pilze wurden im letzten Kriege in der Tschechoslowakei hergestellt. In Deutschland haben zwei Firmen im Bayrischen Wald die Silierung von Pilzen im letzten Kriege mit gutem Erfolg durchgeführt. Wie groß die Mengen waren, die in der Tschechoslowakei hergestellt wurden, geht aus folgendem Beispiel hervor: Eine große Konservenfabrik in Südböhmen hatte dafür zwei große Silagekammern errichtet, die ein Fassungsvermögen von je 150000 Liter besaßen. Mit dieser Firma gemeinsam ließ ich in den letzten Kriegsjahren in der pilzreichen Slowakei viele 100000 Kilo Pilze silieren.

Für die Durchführung der Silierung hat sich die Vorschrift bewährt, die Prof. Reinhold von der staatlichen Versuchs- und Forschungsanstalt für Gartenbau in Pillnitz bei Dresden ausgearbeitet hat:

Man stampft die Pilze leicht vorblanchiert in die Fässer mit 1½% Salz, 1½% Zucker und etwas saurer Milch ein. Alsdann wird das Faß verschlossen und durch den Spund eine Pilzpreßsaftlösung von einem Teil Preßsaft und zwei Teilen Wasser oder Blanchierwasser aufgegossen. Es muß darauf geachtet werden, daß das Faß während der 14tägigen Milchsäuregärung bei etwa 13—18° immer spundvoll gefüllt bleibt. Sobald sich am Spund kein Schaum mehr zeigt, wird das Faß verschlossen und kalt gelagert.

Als Fässer eignen sich für die Silierung am besten solche aus Eichen- oder Kastanienholz. Buchenholzfässer können nicht genommen werden, weil sie zu wasserlässig sind. Die Brauchbarkeit paraffinierter oder sonstwie abgedichteter Buchenholzfässer ist noch zu wenig erprobt. Da die Fässer nach jeder Silage gründlich gereinigt und ausgedämpft werden müssen, wobei das Dichtungsmittel mehr oder weniger abgelöst wird, so müßte bei der Verwendung von Buchenholzfässern vor jeder neuen Silage die Abdichtung erneuert werden.

Selbstverständlich können nur solche Dichtungsmittel verwendet werden, die die Ware geschmacklich nicht beeinflussen. Im Handel tauchen von Zeit zu Zeit neue Dichtungsmittel auf, denen von den Herstellern allerlei Vorzüge zugeschrieben werden. Bevor man sich zur allgemeinen Anwendung eines solchen Dichtungsmittels entschließt, muß unbedingt erst durch einen Vorversuch festgestellt werden, daß das Dichtungsmittel keine Stoffe an die silierten Pilze abgibt, die gesundheitlich bedenklich sind oder den Gärungsverlauf stören oder der Ware einen unangenehmen Beigeschmack verleihen.

Vorbedingung für einen normalen Gärungsverlauf ist, daß die Pilze frisch und einwandfrei sind. Eine Fehlgärung kann zu völlig unbrauchbaren Produkten führen. Es ist auch möglich, in offenen Fässern zu silieren. Die Pilzmasse wird in diesem Falle mit einem Tuch abgedeckt, darauf kommt ein Holzdeckel, der mit einem Stein beschwert wird. Die Aufgußlösung muß immer über dem Holzdeckel stehen. Falls sich nach Beendigung der Gärung Kahmhefen einstellen, versetzt man den überstehenden Saft mit der zulässigen Menge Benzoesäure (0,15%).

Zum Silageprozeß ist im einzelnen noch zu sagen: Der Zuckerzusatz ist erforderlich, weil die Pilze selbst zu wenig vergärbare Kohlenhydrate (Zuckerarten) enthalten. Ohne Zuckerzusatz ist es nicht möglich, die Milchsäuregärung in Gang zu bringen, und ordnungsgemäß zu Ende zu führen. Die Temperatur im Silierraum soll möglichst gleichmäßig und weder zu hoch noch zu niedrig sein. Bei mittlerer Raumtemperatur (13—18° C) setzt die Milchsäuregärung nach 6—12 Stunden ein. Sie verläuft durchschnittlich 3—4 Tage stürmisch unter Schaumbildung und ebbt dann langsam wieder ab. Meist nach 8, spätestens nach 14 Tagen, ist sie beendet. Bei richtiger Aufbewahrung, das heißt, wenn durch hinreichenden Luftabschluß die Möglichkeit der Infektion ausgeschaltet wird, halten sich die Pilze bis zum Frühjahr, ja bis in den beginnenden Sommer hinein.

Über den Verlauf der Gärung gibt die folgende Zusammenstellung Aufschluß:

Tabelle XV

Pilzart	Temperatur im Silierraum	Eintritt der Gärung	Dauer der stürmischen Gärung
Pfifferlinge	18°	nach 6—8 Stund.	3—4 Tage
Pfifferlinge	15°	nach 6—12 Stund.	3—4 Tage
Pfifferlinge	13—14°	nach 24 Stund.	8 Tage

Die silierten Pilze schmecken angenehm säuerlich; ihr Milchsäuregehalt schwankt zwischen 0,5—1,2%; der pH-Wert lag zwischen 3 und 4. Die silierten Pilze können küchenmäßig genau so zubereitet und verwendet werden wie frische Pilze. Von diesen unterscheiden sie sich, abgesehen vom Säuregehalt noch dadurch, daß ihr Zellgewebe und besonders auch die Gerüstsubstanz aufgelockert ist. Infolgedessen setzen sie dem Verdauungsprozeß im Magen weniger Widerstand entgegen, und demgemäß wird die Verdaulichkeit der silierten Pilze durch die Silierung nicht beeinträchtigt, wie auch angestellte Versuche ergeben haben. Durch einfaches

Abbrausen oder durch Wässern über Nacht läßt sich, wenn gewünscht, der größte Teil der Milchsäure entfernen.

Wenn die silierten Pilze nicht wie Frischpilze gekocht oder gebraten werden, können sie auch kalt als appetitanregende und eiweißreiche Beikost, also als Pilzsalat genossen werden. Für die Silage eignen sich solche Pilze, die nicht zu weichfleischig sind, also Pfifferling, Habichtspilz, Schafporling, ferner Reifpilz, Sandpilz, Brätling und viele Blätterpilzarten. Steinpilze und ähnliche Röhrlingsarten werden durch den Gärungsprozeß in ihrer Gerüstsubstanz so stark aufgelockert, daß sie für manchen Geschmack zu weichlich erscheinen. Von Interesse ist ferner, daß die Silierung von Pfeffermilchlingen, eines ausgesprochenen Massenpilzes, der sich durch einen intensiven pfefferartigen Geschmack auszeichnet, mehrfach erfolglos versucht wurde. Es hat sich dabei herausgestellt, daß Pfeffermilchlinge sich nicht zur Silierung eignen, da die Bitterstoffe durch den Gärungsprozeß nicht nennenswert geschwächt werden.

Wie schon oben erwähnt, hat sich die Herstellung und der Konsum von silierten Pilzen in großem Ausmaße bis jetzt nur in der Tschechoslowakei durchgesetzt. In Deutschland haben bisher zwei süddeutsche Firmen in beschränktem Ausmaße silierte Pilze hergestellt, die bei allen Abnehmern ungeteilten Beifall fanden. In letzter Zeit hat eine norddeutsche Firma ein Konzentrat von Milchsäurebakterien in Pastenform hergestellt, das sich zur Silierung von Gemüsen gut bewährt hat. In der nächsten Saison werden von mir in verschiedenen Betrieben Großversuche zur Silierung von Pilzen durchgeführt werden. Bei guter Eignung des Präparates ist es durchaus möglich, daß die Silage von Pilzen sich auch bei uns in größerem Maße durchsetzt. Jedenfalls ist sie bei Massenanfall wesentlich mehr zu empfehlen, als die bereits als Notbehelf geschilderte Salzung der Pilze. In bezug auf die Herstellung und Kennzeichnung der silierten Pilze ist auch hier zu empfehlen, die Herstellung sortenrein vorzunehmen. Bei Herstellung von silierten Mischpilzen sind die verwendeten Arten unter allen Umständen auf der Verpackung zu kennzeichnen. Auch sollen bei derartigen silierten Mischpilzen nicht mehr als 6 verschiedene Pilzarten Verwendung finden.

Essigpilze

Der größte Teil der verwertbaren Pilze läßt sich in Essig einlegen. Da es aber für viele Speisepilze mannigfaltige Zubereitungsarten gibt, bei denen ihr Aroma voll zur Geltung kommt, so wird man für das Einlegen in Essig besonders solche Pilzarten bevorzugen, deren anderweitige Verwendungsmöglichkeit wegen ihres scharfen, brennenden oder sonstwie unangenehmen Geschmackes beschränkt ist. Es sind das insbesondere verschiedene Milchlingsarten. Ganz besonders eignet sich von den mildschmeckenden Milchlingen der Blutreizker oder Echte Reizker zur Essigkonservierung. Kremplinge und Hallimasch lassen sich ebenfalls in dieser Weise verwerten. Junge Steinpilze in Essig eingelegt, gelten als Delikatesse und werden gern als Vorspeise genommen.

Die Pilze werden mit schwach gesalzenem Wasser vorgekocht und zwar erfahrungsgemäß Steinpilze etwa 10 Minuten, Pfifferlinge 15 Minuten, Reizker und Milchlinge etwa 8 Minuten. Bei nicht scharf und brennend schmeckenden Pilzen ist das Kochwasser, da es wertvolle Extraktstoffe enthält, im Vacuumapparat auf Extrakt zu verarbeiten.

Auch das Kochwasser der scharfschmeckenden Täublings- und Milchlingsarten kann noch auf Pilzextrakt verarbeitet werden. Dies wird im Kapitel „Pilzextrakt" ausführlich dargestellt. Zweckmäßig ist es, die gekochten Pilze dieser Art vor ihrer Verarbeitung zu Essigpilzen noch ein bis zwei Stunden zu wässern. Das teilweise empfohlene Wässern der scharfschmeckenden Pilzarten über zwei bis drei Tage, ist nicht zu empfehlen, da sie hierdurch leicht in eine saure Gärung übergehen und somit für die weitere Verarbeitung ausfallen. Sollte dieses Verfahren aus besonderen Gründen doch angewendet werden, so ist in jedem Fall für ausreichende Kühlung und öfteren Wasserwechsel zu sorgen. Nach meinen Erfahrungen ist kurzes Abkochen der Pilze mit anschließender etwa zweistündiger Wässerung ausreichend. Durch das Abkochen und Wässern der Pilze werden ihnen allerhand Extraktstoffe entzogen. Man wird das Verfahren deshalb nur bei solchen Pilzen anwenden, die wegen ihres scharfen oder unangenehmen Geruches oder Geschmackes eine solche Behandlung unbedingt erforderlich machen.

Die so vorbehandelten Pilze läßt man nun auskühlen und übergießt sie mit einer Abkochung von Essig — besser Weinessig — mit einem Gehalt von 5% Essigsäure, Salz und Gewürzen, so daß im Fertigprodukt 2% Salz, 4% Essigsäure und von Gewürzen (Lorbeerblatt, Zimt, Nelken, Pfefferkörner, Piment, Estragon, Wachholderbeeren, Zwiebeln usw. insgesamt nach Geschmack für 100 Kilo etwa 20—40 g) enthalten sind. Eine geringe Zugabe von Zitronensäure (etwa 20—30 g auf 100 Kilo) ist geschmacklich und zur Farbaufhellung zweckmäßig. Die Abkühlung der Pilze soll möglichst schnell erfolgen, am besten unter Kühlung durch Einstellen der Gefäße in kaltes Wasser.

Die Verpackung der Essigpilze muß selbstverständlich mit besonderer Sorgfalt in nur dichten Fässern geschehen. Ferner ist auch eine Abfüllung in Gläser möglich. Ein Faß, aus dem die Flüssigkeit aus irgendeinem Grund ausgeflossen ist, ist selbstverständlich nicht mehr zu gebrauchen.

Äußerlich besonders ansprechende Produkte werden erhalten, wenn man die Pilze zuerst in der oben erwähnten Weise fertigstellt, dann die Lake abtropfen läßt und die Pilze nunmehr mit frischer Lake in Fässer füllt. Man erzielt hierdurch eine besondere klare Flüssigkeit. Eine Ware mit klarer Lake wird vom kaufenden Publikum bevorzugt. Sie ist jedoch in Wirklichkeit wertgemindert, weil der Wechsel der Lake einen Verlust an Extrakt und Mineralstoffen mit sich bringt.

Eine ausreichende Kennzeichnung der Faßware in bezug auf Inhalt, Gewicht, Hersteller und Herstellungszeit ist zu fordern. Am besten ist es auch hier, wenn die Pilze sortenrein verarbeitet werden. Geschieht dies nicht, so sind die verwendeten Sorten als solche zu kennzeichnen.

Tiefgefrieren der Pilze

Außer den beiden Hauptkonservierungsarten für Pilze, dem Trocknen und der Eindosung, ist in den letzten Jahren auch das Tiefgefrieren der Pilze in Betracht gezogen und auch teilweise durchgeführt worden. Die Bedeutung der Tiefgefrierung zur Erhaltung wertvoller Nährwerte und Aromastoffe ist in den letzten Jahren mehr und mehr sichtbar geworden. Zunächst erprobte man das Eingefrieren von überseeischen Fleisch- und Eierimporten und beschäftigte sich dann in zunehmendem Maße mit dem Tiefgefrieren von Obst und Gemüse. Diese Konservierungsmethode hat sich bei Obst und Gemüse im großen und ganzen bewährt, wenn auch nicht alle Obst- und Gemüsearten sich in gleicher Weise dafür eignen. Vom Standpunkt der Gefrierwirtschaft ist zu wünschen, daß nur solche Erzeugnisse zur Einfrierung kommen, die für diese hochwertige Verarbeitungsform besonders geeignet zu sein scheinen.

Ehe ich auf die Einzelheiten des Tiefgefrierens bei Pilzen eingehe, möchte ich erst einiges über die praktische Durchführung des Verfahrens sagen. Es ist klar, daß auf diesem großen und breiten Forschungsgebiet mit seinen zahlreichen Problemen noch vieles im unklaren ist, und noch keineswegs alle Fragen gelöst sind; hier kann nur gemeinsame Arbeit aller an diesen Problemen Beteiligten zum Ziele führen. Sortenauswahl, Vorbehandlung und Anfuhr sind von wesentlichem Einfluß auf den Gefriererfolg. Die Frage nach dem theoretisch besten und in der Anwendung wirtschaftlichsten Gefrierverfahren konnte bisher nicht beantwortet werden. Die Wahl des Gefrierverfahrens ist insbesondere auch abhängig von der Art des zum Gefrieren bestimmten Materials.

Man unterscheidet zwischen Gefrierenlassen in Luft, wobei das Material (Obst und Gemüse) in Steigen oder nach dem Ausbreiten auf dem Boden des Kühlraumes durch Überleiten eines kalten Luftstromes ausgefroren wird, und dem Schnellgefrierverfahren; hier wird das Material entweder in Packungen oder einzeln gefroren und in Lagerbehälter aus Holz oder Pappe gebracht und so gelagert. Die Verwendbarkeit dieser verschiedenen Verfahren wurde in den letzten Jahren von R. Heiß, K. Paech und F. Kiermaier vom Institut für Lebensmitteltechnologie, München, in vergleichenden Versuchen überprüft. Das Material kommt, nachdem es vorgekühlt ist, ohne weitere Vorbehandlung entweder in Steigen, die mit Wellpappe und Paraffinpapier ausgelegt sind, oder in Holzkisten, die die gleiche Auslegung besitzen, oder in Kartons, die mit Paraffinpapier ausgelegt sind. Bei stillstehender oder rasch bewegter Luft wird es dann bei —20 bis —25° C ausgefroren.

Bei dem Eingefrieren von Gemüse und speziell von Pilzen wird man im allgemeinen nach den oben angegebenen Bedingungen arbeiten, jedoch nach vorausgegangenem Blanchieren, wobei ein Zusatz von Zitronensäure, schwefliger Säure oder Kochsalz zwecks Abtötung der Enzyme notwendig ist. Über eins muß man sich beim Tiefgefrieren der Pilze von vornherein im klaren sein, daß nur ein kleiner Teil der Pilzernte durch diese Konservierungsart verwertet werden kann.

Welche Pilzarten wurden nun bis jetzt tiefgefroren und welche Erfolge sind in der Praxis zu verzeichnen? Eingehende Versuche über das Tiefgefrieren von Pilzen hat insbesondere R. Heiß durchgeführt. Am besten eignen sich nach seinen Versuchen Champignons. Steinpilze wurden leicht etwas matschig. Über Pfifferlinge berichtet er folgendes:

Ob vor dem Einfrieren blanchiert wurde oder nicht, hatte auf die Zähigkeit kaum Einfluß. Schnellgefrieren in Salzlösung war für die Turgeszenz (Konsistenz) günstig, doch nachteilig für den Geschmack. Mit zunehmender Gefrierzeit wurden die Pilze zäher. Der Geschmack schien bei einer Gefrierzeit von 1—4 Stunden am besten erhalten zu sein. Ähnlich verhielten sich unblanchierte Pfifferlinge. Der Einfluß der Einfriertemperatur (—4, —8, —18°) erwies sich in bezug auf Geschmack und Turgeszenz als unerheblich. Dünstete man Pfifferlinge vor dem Gefrieren eine Stunde im eigenen Saft, so war der Geschmack ungünstiger. Weder eine 2%ige Zitronensäurelösung noch eine 1%ige Salzlösung beeinflußten während einer einjährigen Lagerung die Erhaltung der Turgeszenz in günstiger Weise, der Geschmack war sogar ungünstiger. R. Heiß kommt bei den Gefrierversuchen mit Pfifferlingen zu folgendem Schluß: besonders günstige Blanchierbedingungen 3—4 Minuten im Dampf, ein Zäherwerden der Pilze ließ sich nicht vermeiden. Die Turgeszenz wird um so ungünstiger, je langsamer gefroren wird. Gefrierzeiten von einer Stunde, höchstens jedoch vier Stunden, sollten nicht überschritten werden. Eine Lagertemperatur von —18° ist für ein Jahr ausreichend. Geschmacks- und Turgeszenzverluste sind dabei gering. Eine Lagertemperatur von —24° bietet keinerlei Vorteile. Als günstigstes Gefrierverfahren für Champignons, Steinpilze und Pfifferlinge gibt R. Heiß Luft- oder Schnellgefrieren an. Über das Tiefgefrieren von Champignons berichten amerikanische Forscher in einer ganzen Reihe von Veröffentlichungen. Tressler stellte fest, daß Pilze Katalase und andere oxydierende Enzyme enthalten, die vor dem Gefrieren inaktiviert werden müssen. Das Dunkelwerden der Pilze durch oxydierende Enzyme wurde als Methode vorgeschlagen, um bestimmen zu können, ob das Produkt genügend gebleicht wurde. Smart empfahl, die Pilze besser in Dampf, statt in heißem Wasser zu bleichen. Sie berichtete auch, daß Pilze am besten hielten, wenn sie in einer 2%igen Zuckerlösung eingefroren wurden. Nach Tressler und Evers (1943) sollten kleine Champignons 105 Sekunden und größere Exemplare 3—4 Minuten dem Dampf ausgesetzt werden. Das gebleichte Produkt sollte in 1%iger Zitronensäurelösung und dann in kaltem Wasser abgekühlt werden. Schließlich sollte man die Pilze 15—20 Minuten abtropfen lassen, feuchtigkeitssicher verpacken und einfrieren. Brunell, Esselen und Griffiths berichten auf Grund umfangreicher Versuche mit Champignons im Schnellgefrierverfahren, daß die gebleichten Pilze den ungebleichten an Aussehen überlegen und heller in der Farbe waren. Die ungebleichten, gefrorenen Pilze dunkelten während der Lagerung fort und eine orange Färbung erschien auf ihnen, die offenbar auf das Wirken von Enzymen zurückzuführen war. Sie stellten weiter fest, daß die gebleichten Pilze ihren Geschmack während der Lagerung bemerkenswert gut beibehielten; die ungebleichten Pilze jedoch verloren den größten Teil ihres Geschmakkes. Der Geschmacksunterschied zwischen den verschiedenen Proben gebleichter Pilze war gering, außer bei denen, die in 3%ige Zitronensäurelösung getaucht waren, und die definitiv sauer schmeckten. Das Eintauchen der Pilze in 1 oder 2%ige Zitronensäurelösung vor dem Bleichen verbesserte das Aussehen des gefrorenen Produktes und beeinflußte den Geschmack nicht ungünstig. Es wurde ferner festgestellt, daß in bezug auf den Vitamingehalt ein leichter Verlust an Riboflavin (Lactoflavin) Vitamin G und B_2 und einiger Verlust an Thiamin (Vitamin B_1) und Nikotinsäure (zur Vitamin B-Gruppe gehörig) beim Bleichen der Champignons vor dem Gefrieren eintrat, daß aber alle diese Vitamine im gefrorenen Produkt ganz stabil sind. Man stellte fest, daß das Schnellgefrieren der Champignons ein zufriedenstellendes und schmackhaftes Produkt ergibt, in dem Thiamin, Riboflavin und Nikotinsäure sehr gut erhalten sind.

Das Tiefgefrieren von Pilzen in größerem Umfange wurde bei uns bisher nur in einer Konservenfabrik in Laucha an der Unstrut durchgeführt. Dort wurden in größerem Umfange Champignons und Pfifferlinge tiefgefroren. Bei mehreren Besuchen, die ich bei der Firma durchführte, konnte ich mich überzeugen, daß die erhaltenen Produkte recht gut waren und allgemein ansprachen. Die Produktion von tiefgefrorenen Pilzen wurde dort hauptsächlich in den letzten Kriegsjahren durchgeführt. Es ist verständlich, daß die Pilze durch die beiden Hauptkonservierungsarten das Eindosen und das Trocknen haltbar gemacht werden, daß aber das Tiefgefrieren eine wertvolle Ergänzung der vorhandenen Konservierungsarten ist; besonders da durch den Gefrierprozeß die wertvollen Wirkstoffe gut erhalten bleiben. Da sich nicht alle Pilzarten zur Tiefgefrierung eignen, hat man sich bis jetzt auf Steinpilze, Champignons und Pfifferlinge beschränkt. Bei anderen Pilzarten würde sich das Verfahren auch nicht rentabel gestalten.

Verwertung der Pfeffermilchlinge

Wenn ich in diesem Kapitel die Verwertung eines Einzelpilzes schildere, so tue ich dies deshalb, weil dieser Pilz ein ausgesprochener Massenpilz ist und bis vor nicht allzu langer Zeit bei uns keine praktische Verwertung fand.

Zunächst ist festzustellen, daß der Pfeffermilchling *(Lactarius piperatus)* nicht verwechselt werden darf mit dem verhältnismäßig ähnlich aussehenden Wolligen Milchling oder Erdschieber *(Lactarius vellerus)*. Der Pfeffermilchling unterscheidet sich vom Wolligen Milchling durch seine glatte, kahle Oberhaut, seine dichten schmalen Blätter, geringere Größe, aber längeren Stiel verhältnismäßig gut. Der Wollige Milchling wird als ungenießbar bezeichnet. Der Pfeffermilchling, dessen Milch sich in rohem Zustande durch einen pfefferartigen Geschmack auszeichnet, wird namentlich in den slawischen und romanischen Ländern sehr geschätzt. Nur darf er, um wohlschmeckend zu sein, wie alle Milchlinge nicht gekocht werden. Zu diesem Zwecke trennt man den Stiel vom Hut und zerschneidet beide möglichst wenig, um die ausfließende Milch nicht verlorengehen zu lassen. Man brät dann den Pilz in Fett und gibt etwas Zwiebel und Salz hinzu. Die pfefferartige Schärfe schwindet beim Braten gänzlich, und man erhält auf die angegebene Weise ein Gericht von besonderem, etwas bitterlich würzigem Wohlgeschmack. Ganz anders ist es, wenn man den Pilz trocknet. Er schmeckt dann so scharf, daß er in dieser Weise nicht verwendbar ist. Interessant ist es, daß der Pfeffermilchling im Altertum wegen seiner harntreibenden Wirkung gegen Nieren- und Blasenleiden verwendet wurde. In Italien wird er in gemahlenem Zustande als Pfefferersatz zum Aufstreuen auf Makkaronis usw. verwendet.

Die Verwertung von großen Mengen getrockneter Pfeffermilchlinge trat zum erstenmal im letzten Krieg an mich heran. Damals waren in der

Steiermark sehr große Mengen von Pfeffermilchlingen von einem dortigen Pilzverwertungsbetrieb gesammelt und getrocknet worden. Die zuständigen Ernährungsbehörden verlangten, da der Pilz in getrocknetem Zustande ungenießbar war, seine Vernichtung. Da es sich immerhin um Mengen von 100000 Kilo Trockenpilze handelte, wurden von mir und meinen Mitarbeitern zunächst in der Dresdener Staatlichen Chemischen Untersuchungsanstalt und später in der Versuchsanlage Waldow zahlreiche Versuche unternommen, um die getrockneten Pfeffermilchlinge doch noch der menschlichen Ernährung zuzuführen.

Es zeigte sich dabei, daß beim Erhitzen auf höhere Temperaturen (zwischen 100 und 150°) die scharfen Stoffe ziemlich abgeschwächt, aber nicht völlig beseitigt werden konnten. Bei der Silage nach dem Verfahren von Prof. Reinhold blieb die Schärfe der Pfeffermilchlinge unverändert. Auch gegen die Einwirkung anderer organischer und anorganischer Säuren (Essigsäure, Weinsäure, Zitronensäure, Schweflige Säure, Salzsäure) sind die scharfen Stoffe unempfindlich. Es gelang dann schließlich, auf Grund günstig verlaufener Vorversuche im Laboratorium, bei Großversuchen in Waldow aus den getrockneten Pfeffermilchlingen einen brauchbaren Extrakt und Pilzpulver zu gewinnen. Das Verfahren habe ich näher beschrieben im Kapitel „Pilzextrakt" (Unterabschnitt Pilzextrakt aus getrockneten scharf und brennend schmeckenden Täublings- und Milchlingsarten).

Durch dieses Verfahren gelang es, die im Reich lagernden Vorräte von getrockneten Pfeffermilchlingen (etwa 100000 Kilo) in Waldow zu Extrakt und Pulver umzuarbeiten und die bereits zur Vernichtung bestimmten großen Mengen der menschlichen Ernährung nutzbar zu machen.

Bis zum Ende des Krieges wurden in Waldow noch mehrere 100000 Kilo getrockneter Pfeffermilchlinge zu Extrakt und Pulver umgearbeitet.
Die Fabrikation wurde von uns durch regelmäßige Entnahme und Untersuchung von Durchschnittsproben überwacht. Der gewonnene Pfeffermilchlingsextrakt ergab folgende Analysenwerte:

Spezifisches Gewicht	1,17—1,21
Trockensubstanz ...	34—40%
Stickstoffsubstanz ..	6— 8%
Mineralstoffe	8—11%
Kochsalz	3— 4%.

Der Extrakt wich somit in seiner Zusammensetzung nicht wesentlich vom Pilzextrakt aus frischen Mischpilzen ab. Er besaß jedoch einen eigenartig herben Geschmack, der für manche Zwecke erwünscht war. So wurde der

Extrakt besonders für die Herstellung pikanter, herzhafter Soßen und Marinaden verwendet.
Bei der Umarbeitung zu Extrakt ergaben sich durch Trocknung und Mahlung der Preßrückstände sehr große Mengen Pfeffermilchlingspulver. Dieses wies keinen Pilzgeruch mehr auf, hatte jedoch einen etwas herben Geschmack. Infolge seines hohen Eiweißgehaltes (20%) wurde das Pulver im Kriege der Nährmittelindustrie zugeführt. Außerdem wurden mit dem Pulver großangelegte Fütterungsversuche an verschiedenen Tierarten (Schweine, Hühner, Fische) durchgeführt, die zu günstigen Ergebnissen führten. Näheres darüber in dem Kapitel „Pilze als Futtermittel".
Zum Teil waren die Pfeffermilchlinge nicht gesondert gesammelt worden, sondern gemischt mit Täublingen und anderen geringwertigen Pilzen. So ergaben sich Mischungen mit ganz verschiedenem Gehalt an Pfeffermilchlingen. Enthalten Mischpilze nur wenig Pfeffermilchlinge, so können sie unter Umständen gemahlen als Industriepilze an Lebensmittelfabriken zur Verarbeitung auf Nährmittel weitergeleitet werden. Bei höherem Gehalt der Mischpilze an Pfeffermilchlingen ist jedoch eine Umarbeitung der Mischpilze auf Extrakt und Pulver erforderlich. Wie im Einzelfalle zu verfahren war, blieb von einem Gutachten der Forschungsgemeinschaft Pilzverwertung abhängig.
Die Beimischung von Pfeffermilchlingen zu anderen Pilzen bedeutet stets eine Verschlechterung und ist daher nicht erwünscht. Es ist zweckmäßig, Pfeffermilchlinge stets gesondert zu sammeln, und auf keinen Fall mit anderen Pilzen zu vermischen.
Ein Betrieb in der Steiermark sah sich infolge plötzlichen Massenanfalles an Pfeffermilchlingen genötigt, diese zunächst einmal einzusalzen. Aus diesen gesalzenen Pfeffermilchlingen wurde dann eine Paste hergestellt, die anfänglich nicht befriedigte, weil ihr Geschmack noch zu scharf war. Der Firma gelang es, in weiteren Versuchen den scharfen Geschmack der Paste so weit zu mildern, daß sie als verkehrsfähig und als geeignet zur Verwendung in Großküchen bezeichnet werden konnte. Schließlich konnte auf meine Anregung durch Beigabe anderer Stoffe wie Tomate, Pastinak, Knoblauch, Petersilie, Liebstöckel, Anispulver und Majoran eine Würzpaste gewonnen werden, die keinerlei Schärfe mehr zeigte.
Aus ganz frischen Pfeffermilchlingen ließ sich ein Extrakt gewinnen, der nicht mehr scharf schmeckte.

Versuchsanlage Waldow

Von volkswirtschaftlichen Überlegungen ausgehend, stellte sich der Verfasser dieses Buches mit seinen Mitarbeitern im Jahre 1938 die Aufgabe, das Problem der Verwertung sämtlicher, in den deutschen Wäldern wachsenden Pilze als Lebens- und Futtermittel in Angriff zu nehmen. Vom landwirtschaftlichen Forschungsdienst wurde die geplante Arbeit als ernährungswirtschaftlich wichtig und in den Rahmen des damaligen Vierjahresplanes fallend anerkannt und tatkräftig unterstützt. Sie erstreckte sich zunächst auf ausgedehnte Laboratoriumsversuche, die zur Ausarbeitung eines Verfahrens führten, nach welchem sich auch aus geringwertigen Pilzen aller Art wertvolle Erzeugnisse, insbesondere Pilzextrakt und Pilzpulver herstellen lassen, die einer vielseitigen Anwendung in der Küche fähig sind oder auch industriell sich in mannigfaltigster Weise weiter verarbeiten lassen.

Die Laboratoriumsversuche konnten sich naturgemäß nur in engem Rahmen halten. Sie mußten durch betriebsmäßige Großversuche ergänzt werden, um ein klares Bild über die praktische Brauchbarkeit der erzielten Ergebnisse zu erhalten. So tauchte bei uns der Gedanke einer eigenen Versuchsanlage auf, die alle erforderlichen Maschinen enthalten und womöglich direkt in einem pilzreichen Waldgebiet liegen sollte. Unsere Pläne fanden Billigung der obersten Forstbehörden, die die erforderlichen Mittel zur Verfügung stellte. Mit Hilfe von Oberlandesforstmeister Ortegel, der unseren Arbeiten dauernd größtes Interesse entgegenbrachte, gelang es, alle anfänglichen Schwierigkeiten zu überwinden. Im Jahre 1939 wurde so als erste derartige Anlage in Deutschland die Pilzverwertungsanlage in Waldow bei Cottbus errichtet. Sie liegt in einem zum Spreewald gehörigen pilzreichen Waldgebiet, in dem sich verschiedene Pilzsammelstellen befinden. Der Mithilfe von Dr. Fachmann (jetzt Bundesernährungsministerium, Bonn) war es zu danken, daß die laufende Belieferung der Versuchsanlage mit Frischpilzen durch die Bezirksabgabestellen sichergestellt wurde. Die Leitung der Anlage wurde Kommerzienrat Naumann übertragen, der als langjähriger Konservenfachmann die nötigen Erfahrungen mitbrachte und stets bestrebt war, die Anlage immer weiter zu verbessern. Die Versuchsanlage entwickelte sich zufriedenstellend und erwies sich bald als zu klein. Es mußte an einen weiteren Ausbau derselben gedacht werden. Besonders wurde es erforderlich, die einzelnen Apparaturen und Maschinen (Presse, Vacuum-Apparat, Trockner, Mühle) in ihrer Größenordnung in das richtige gegenseitige Verhältnis zu bringen, um eine laufende Produktion zu ermöglichen, ohne daß an einer Stelle eine Stockung eintrat. Außerdem mußte dem steigenden Bedarf an Wasser und Dampf durch den Ausbau der Brunnenanlage und die Aufstellung eines größeren Dampfkessels Rechnung getragen werden. Die Erweiterung der Anlage konnte nach Bewilligung der notwendigen Mittel durch die zuständigen Ernährungsbehörden durchgeführt werden.

Die Anlage wurde so ausgebaut, daß sie in der Folgezeit in der Lage war, laufend große Pilzmengen zu verarbeiten. Sie konnte ihre Leistungsfähigkeit 1942 durch Umarbeitung von 100000 Kilo getrockneten Pfeffermilchlingen, die als solche kaum verwertbar sind, zu Extrakt und Pilzpulver nach unserem hierfür modifizierten Verfahren beweisen. In den Jahren 1943 und 1944 wurden in gleicher Weise weitere 400000 Kilo getrocknete Pfeffermilchlinge verarbeitet. Die Anlage hatte sich nunmehr zu einen rationell arbeitenden, sich selbst tragenden Pilzverwertungsbetrieb entwickelt, stand aber auch weiterhin für Versuche zur Verfügung.

Die praktischen Erfahrungen und Erkenntnisse, die in Waldow gesammelt wurden, wurden im Interesse der Verwirklichung des Pilzverwertungsprogrammes allen den Betrieben zugänglich gemacht, die nach dem Waldower Muster die Pilzverwertung in anderen Waldgebieten Deutschlands aufnahmen. Meist handelte es sich allerdings um die Angliederung der Pilzverwertung an schon bestehende günstig gelegene Konservenfabriken. Zweifelsohne ist dies der wichtigste Erfolg, den die Schaffung der Anlage mit sich brachte. Im Laufe der letzten Kriegsjahre schlossen sich etwa 50 Konservenfabriken im Reich und in den ehemalig besetzten Gebieten der Pilzverwertung nach unseren Vorschlägen an. Allein dadurch wurden der deutschen Ernährungswirtschaft zusätzlich viele Millionen Kilo Pilze zugeführt, die mit dazu beitrugen, die vorhandene Eiweißlücke schließen zu helfen. Durch den Ausgang des Krieges kam auch die Versuchsanlage Waldow zunächst zum Erliegen. Durch die Einteilung in einzelne Besatzungszonen kam das Gebiet, in dem die Versuchsanlage sich befindet, in den Bereich der Sowjetzone. Nach den spärlichen Nachrichten, die mir in letzten Jahren zugingen, hat sie ihre Arbeit wieder aufgenommen.

Am Schluß des Kapitels möchte ich noch ein Bild vom Umfang und der maschinellen Ausrüstung der Waldower Versuchsanlage, wie es sich mir zuletzt Anfang des Jahres 1945 bot, vermitteln:

Bebaute Fläche:	700 qm
Wasseranlage:	eigener Brunnen mit 35 cbm Stundenleistung; außerdem ein Reservebrunnen und 2 Druck-Kessel. Wasserleitung in allen Räumen
Dampfanlage:	Flammrohrkessel mit 50 qm Heizfläche
Elektrische Anlage:	85 Amp.-Motor
Maschinenanlage:	1 große Kleemannsche Packpresse
	1 Filterpresse
	3 Vacuum-Apparate mit Naßluftpumpe (75,1000 und 1500 l Inhalt)
	1 Schilde-Trockner
	1 Vacuum-Schaufeltrockner
	1 Versuchstrockenschrank
	3 Mühlen (2 Igelmühlen, 1 Mikromühle)
	2 Autoklaven
	1 Thermostat
	1 Falzmaschine
	1 Wolf
	1 komplette Werkstatt.

Fehlerquellen bei der Fabrikation

In diesem Kapitel möchte ich die pilzverarbeitende Industrie auf die Fehlerquellen hinweisen, die bei der Konservierung von Pilzen entstehen können.

Einer der wesentlichsten Punkte, um von vornherein größere Fehler auszuschließen, ist die Verarbeitung von einwandfreiem Rohmaterial, also von einwandfreien und gesunden Pilzen. Es erübrigt sich wohl, darauf hinzuweisen, daß giftige Pilze ein für allemal von der Fabrikation ausgeschlossen sind. Den besten Schutz vor Verarbeitung von Giftpilzen bietet der möglichst in jedem Betrieb in der Hauptsaison anwesende Pilzberater oder Pilzsachverständige. Es muß eine der Hauptaufgaben eines pilzverarbeitenden Betriebes sein, die Leiter der Sammelstellen so aufzuklären, daß nur frische, vorgeputzte, madenfreie und gesunde Pilze in den Betrieb geliefert werden. Wenn diese wichtige Tatsache beachtet wird, werden bei der Verarbeitung eine ganze Anzahl Fehler verhindert. Der Pilz neigt durch seinen Eiweißreichtum zur schnellen Zersetzung, und es muß größter Wert darauf gelegt werden, die eingelieferte Ware möglichst rasch, wenn möglich noch am selben Tag, zu verarbeiten.

Fehlerquellen bei der Dosenkonservierung: Sollen Zersetzungserscheinungen in der Dose ausgeschaltet werden, so muß der Inhalt praktisch steril sein, das heißt durch richtige Sterilisation müssen die eingeschlossenen Mikroorganismen getötet oder in ihrer Entwicklung so gehemmt sein, daß sie keine Zersetzung mehr verursachen können. Durch einen hermetischen Dosenabschluß muß eine Nachinfektion verhindert werden. Fehler bei der Dosenkonservierung bewirken die Erscheinung der Bombage. Unter Bombage versteht man bekanntlich die fehlerhafte mehr oder weniger kugelige Auftreibung von Deckel oder Boden oder beiden bei gefüllten Dosenkonserven. Nicht zu verwechseln ist die fehlerhafte Bombage mit der normalen Bombage, die nach der Sterilisation in Erscheinung tritt. Sie ist eine Folge des erhöhten Innendruckes der Dose und geht bei der Abkühlung wieder zurück.

Welches sind nun die Ursachen der fehlerhaften Bombage? Es kann sich zunächst um undichte Dosen handeln. Fehlerhafter Verschluß wird hier häufig die Schuld tragen. Wird Undichtigkeit durch Rost festgestellt, so muß man durch geeignete Behandlung und Lagerung der Dosen für Abhilfe sorgen. Die Dosen dürfen erst nach völliger Auskühlung und Trocknung, welche in losen Stapeln nach der Sterilisation erfolgen soll, auf ein trockenes Lager gebracht werden. Jede starke Temperaturschwankung ist dabei zu vermeiden.

Auch ein Gefrieren der Dosen im Lagerraum kann Bombagen zur Folge haben. Durch das Gefrieren dehnt sich der Doseninhalt aus und beschädigt dadurch die Nahtstellen der Dose. Ein richtiges Lagern der Dosen wird daher diese Fehlerquelle ausschalten.

Als weitere Ursache der Bombage kommt die Tätigkeit von Mikroorganismen in Frage. Es handelt sich dann um die sogenannte biologische Bombage, die durch Prüfung der Gase, durch mikroskopische Untersuchung des Inhalts und den pH-Wert ermittelt werden kann. Wenn die mikroskopische Untersuchung positiv verläuft, so kann mit Sicherheit angenommen werden, daß es sich um eine biologische Bombage handelt. Die Vernierung der Dose ist dabei meist in Ordnung. Bei Dosenpilzen wird als Gas meistens Schwefelwasserstoff auftreten, der sich durch die Zersetzung der Eiweißstoffe der Pilze gebildet hat. Als Ursache von biologischen Bombagen kommen insbesondere ungenügende Sterilisationszeit und ungenügende Sterilisationstemperatur in Frage.

Voraussetzung für eine einwandfreie Haltbarkeit ist, daß die Sterilisationstemperatur auf alle Teile des Doseninhaltes lange genug einwirkt. Das Steigen der Temperatur muß also so bemessen sein, daß es für eine Durchwärmung der ganzen Dose ausreicht.

Auch ist es von Wichtigkeit, ob die Dosen nach Verlassen des Autoklaven in fließendem Wasser gekühlt werden oder ob man sie der freiwilligen Auskühlung überläßt. Im ersteren Fall wird die Sterilisation sofort abgebrochen, während bei der freiwilligen Kühlung die hohe Temperatur noch längere Zeit einwirkt. Nach diesen Gesichtspunkten wird man die Sterilisationszeit und Sterilisationstemperatur wählen und den Erfolg durch Sterilisationsproben nachprüfen.

Weitere Fehler können durch falsche Bedienung der Sterilisationsanlage oder durch nicht einwandfreies Funktionieren der Meßgeräte erfolgen. Bei sogenanntem kalten Druck und bei Wasserdruck zeigen die Kontrollinstrumente zu niedrig an. Es muß also durch genügend langes Abblasen dafür gesorgt werden, daß die Luft restlos aus den Autoklaven entfernt wird und nur der Dampfdruck zur Messung kommt. Außerdem darf der gefüllte Autoklav nur so viel Wasser enthalten, daß noch hinreichend Raum für die Ausdehnung und das hinzukommende Kondenswasser verbleibt. Unter den Meßgeräten versteht man insbesondere Manometer, Thermometer, Manograph, Thermograph und Thermo-Manograph. Diese sind öfter auf richtiges Arbeiten zu prüfen.

Eine unbedingte Voraussetzung ist, daß die Ware möglichst keimarm zur Sterilisation gelangt. Die Pilze müssen daher vor der Doseneinfüllung gründlich gewaschen werden, wie überhaupt bei der ganzen Weiterverarbeitung auf größte Sauberkeit zu halten ist. Wieviel Ärger und Beanstandungen können vermieden werden, wenn in einem Pilzverwertungsbetrieb größte Reinlichkeit herrscht. Immer habe ich auf meinen hunderten von Betriebsbesichtigungen feststellen können, daß gerade die Betriebe, die sich durch größte Sauberkeit auszeichneten, auch den geringsten Prozentsatz an fehlerhafter Ware hatten.

Auch längeres Liegenlassen der Ware zwischen den einzelnen Arbeitsgängen ist zu vermeiden, da hierdurch auch eine schnelle Vermehrung von Bakterien eintreten kann. Im Hochsommer ist bei schwüler Witterung diese Gefahr besonders groß.

Daß die Dosen vor der Füllung gründlichst gesäubert werden müssen, ist wohl eine Selbstverständlichkeit; ganz besonders müssen alte schon einmal gebrauchte Dosen sorgfältigst gereinigt werden. Als besonders widerstandsfähige Mikroorganismen können bei schlechter Reinigung der Pilze die sogenannten Erdbakterien mit in den Fabrikationsgang geschleppt werden; diese können nur durch erhöhte Sterilisationstemperatur oder -zeit abgetötet werden.

Außer der biologischen Bombage kann dann noch die chemische Bombage auftreten. Diese hat ihre Ursache darin, daß die Dosenbleche mehr oder weniger stark angegriffen werden, und die Vernierung gelöst wird. Bei dem außerordentlichen Mangel an Weißblechdosen wurden zur Herstellung von Dosenpilzen im letzten Kriege und in den Nachkriegsjahren fast ausschließlich Schwarzblechdosen verwendet. Der pH-Wert von Frischpilzen liegt nun verhältnismäßig günstig und zwar zwischen 4 und 7, so daß der Angriff der schwachen Säure auf das Eisen gering ist.

Der Vorgang der chemischen Bombage verläuft so, daß die Säure mit dem Eisen der Dose unter Bildung von Salzen reagiert, dabei wird Wasserstoff frei, der die Bombage verursacht. Als günstiges Moment bei der Eindosung von Pilzen in Schwarzblechdosen hat sich in den letzten Jahren die Verwendung besonders gut vernierter Dosen erwiesen. Im Gegensatz zur biologischen Bombage sind die Pilze bei der chemischen Bombage nicht unbedingt als verdorben anzusprechen. Durch das gelöste Eisen wird ein metallischer Nachgeschmack vorhanden sein; gesundheitliche Schädigungen sind dabei nicht zu befürchten. Bei Weißblechdosen kann auch Zinnwasserstoff auftreten, der sich durch einen eigentümlichen Geruch bemerkbar macht und der dadurch die vorhandenen Pilze in ihrer Verwendungsmöglichkeit beeinträchtigt. Die Korrosionserscheinungen werden bei Weißblechdosen noch durch Elektrolyse verstärkt, wenn die saure Flüssigkeit durch die Poren des Zinnes an die Eisenschicht gelangt. Um den chemischen Bombagen bei Schwarzblechdosen aus dem Wege zu gehen, ist es zweckmäßig, Schwarzblechdosen mit dem besten Innenlackanstrich zu verwenden. In letzter Zeit ist die sogenannte All-Silla-Dose steigend in der Konservenindustrie verwendet worden. Sie hat sich nach praktischen Erfahrungen einer größeren Anzahl Konservenfabriken für die Eindosung außerordentlich gut bewährt.

Eine leichte Verfärbung der Pilze wird man bei Anwendung von Schwarzblechdosen niemals ganz vermeiden können. Ein Zusatz von irgendwelchen Säuren zu den eingedosten Pilzen, wie zum Beispiel der Zusatz von Zitronensäure zur Aufhellung, ist möglichst zu vermeiden, da jedes Ansteigen des Säuregehaltes den Eintritt der chemischen Bombage begünstigt.

Eine weitere Fehlerquelle bei der Dosenkonservierung ist das Weglaufenlassen des Blanchierwassers, das größere Mengen von Aromastoffen und Nährsalzen enthält. Es ist entweder zur Dosenauffüllung oder zur Eindickung im Vacuumapparat zu Pilzextrakt zu verwenden.

Von den zur Eindosung verwendeten Pilzarten ist der Semmelstoppelpilz (Hydnum repandum) möglichst nicht zu verarbeiten, da ältere Exemplare des Pilzes unangenehm bitter schmecken und eine Abtrennung von jungen und älteren Exemplaren bei der Fabrikation erfahrungsgemäß nie restlos durchgeführt werden kann.

Fehlerquellen bei der Pilztrocknung: Vor der Trocknung sind die Pilze nur zu putzen und zu schneiden, aber nicht zu waschen, da hierdurch besonders bei Steinpilzen häßliche Verfärbungen entstehen können und außerdem die Trocknung erschwert wird.

Wenn beim Trocknungsprozeß höhere Temperaturen als 80^0 angewendet werden, so leidet das Aroma und die Wiederquellfähigkeit der Pilze. Außerdem wird das Eiweiß durch zu hohe Temperaturen verändert, und es wird schwer oder sogar unverdaulich.

Funktioniert die Lüftung — es muß ständig trockene Luft zugeführt und feuchte Luft abgeleitet werden — nicht, so besteht die Gefahr, daß die Pilze zusammenkleben und die inneren Teile nicht richtig austrocknen. Die Lagerung der Trockenpilze muß sehr sorgfältig geschehen, möglichst in trockenen und kühlen Räumen, da bei größeren Temperatur- und Feuchtigkeitsschwankungen sich sehr leicht Feuchtigkeit auf den Trokkenpilzen niederschlagen kann und diese das Wasser begierig aufsaugen. Sobald die Trockenpilze über 12% Wasser enthalten, sind sie stark anfällig gegen Schimmelpilze und sonstige Schädlinge. Am besten ist es, wenn die in der Fabrik getrocknete Ware sofort luftdicht und wasserundurchlässig verpackt wird.

Bei der Haustrocknung besteht stets die Gefahr, daß Verunreinigungen durch Fliegen und andere Insekten auftreten, so daß im Frühjahr mit Madenbefall gerechnet werden muß. Um dies zu vermeiden, ist es zweckmäßig, die hausgetrocknete Ware nochmals über einen Trockner gehen zu lassen, oder wenn dies nicht geschehen kann, sie in einem luftdurchlässigen Behälter in einem trockenen Raume aufzubewahren und sie öfters zu kontrollieren.

Fehlerquellen bei der Herstellung von Pilzpulver: Bei der Herstellung des Pilzpulvers ist zu beachten, daß vor der Vermahlung die Trockenpilze nochmals scharf nachgetrocknet und sofort anschließend gemahlen werden, da sie sonst sehr schnell Wasser anziehen. Nur wenn die Pilze wirklich trocken sind, lassen sie sich leicht mahlen, da sie in diesem Zustand die erforderliche Sprödigkeit besitzen. Haben sie diesen Zustand nicht, so werden sie durch Aufnahme von Luftfeuchtigkeit elastisch und nachgiebig und setzen in dieser Form dem Mahlen den größten Widerstand entgegen. Um zu verhindern, daß das Pilzpulver durch die beim Mahlprozeß entstehenden hohen Wärmegrade Verfärbungen erfährt und Verluste an Aromastoffen eintreten, wird die Vermahlung unter Zuführung eines Kohlensäurestromes durchgeführt. Man erhält auf diese Weise eine helle und aromareiche Ware.

Um zu verhindern, daß das Pilzpulver bei der Lagerung Feuchtigkeit aufnimmt, bewahrt man es am besten in verschließbaren Gefäßen wie Blechdosen mit Deckel oder dgl. auf. Pilzpulver in Papiertüten soll nicht zu lange aufbewahrt werden, da es allmählich wieder Wasser anzieht.

Fehlerquellen bei der Herstellung von Pilzextrakt: Um zu vermeiden, daß die Presse bei der Herstellung des Pilzpreßsaftes verschmiert wird, ist eine stärkere Zerkleinerung der Pilze vor dem Pressen nicht zu empfehlen, etwa in der Weise, daß man sie durch den Wolf treibt. Weiter ist zu beachten, daß Pilzpreßsaft durch die Gegenwart der Eiweißstoffe nicht haltbar ist, also daher sofort im Vacuumapparat zu Pilzextrakt verarbeitet werden muß. Pilzpreßsaft läßt sich wohl durch Zusatz von chemischen Konservierungsmitteln, wie schweflige Säure oder Benzoesäure und deren Verbindungen eine gewisse Zeit haltbar machen, jedoch wird sich beim Eindicken dieses konservierten Pilzpreßsaftes im Vacuumapparat auch das Konservierungsmittel mit anreichern und dadurch zu unangenehmen Begleiterscheinungen führen.

Wichtig ist die Einhaltung der Temperatur von 60—65° beim Eindicken im Vacuum, da bei dieser niedrigen Temperatur die Aroma- und Wirkstoffe der Pilze weitgehend geschont werden und erhalten bleiben. Um das Schäumen des Pilzpreßsaftes beim Eindicken zu verhindern und ein Überschäumen in der Apparatur zu vermeiden, ist zunächst das Vacuum zu erzeugen und der Dampf auf 2—3 Atmosphären anzustellen und dann erst so viel Preßsaft einzuziehen, daß der Kocher etwa zu einem Fünftel gefüllt ist. Beim Nachziehen von Preßsaft während der Verdampfung soll diese Füllhöhe nicht überschritten werden.

Eine Konservierung des Pilzextraktes durch Zusatz von etwa 4% Kochsalz und 0,15% benzoesaurem Natrium oder 0,1% Ester der Benzoesäure ist wegen des hohen Wassergehaltes und der Gegenwart von

Eiweißstoffen unbedingt notwendig. Ohne diese Zusätze tritt schon nach kurzer Zeit eine Gärung ein. Da das Kochsalz und das benzoesaure Natrium sich nur schwer in dem verhältnismäßig dickflüssigen Extrakt lösen, ist es, um unliebsame Überraschungen zu vermeiden, zweckmäßig, beide Stoffe vorher in nicht zu viel Wasser zu lösen. Gelöst lassen sie sich unschwer gleichmäßig im Extrakt verteilen.

Bei der Verwendung von einzelnen Pilzarten ist zu beachten, bei den einzelnen Chargen nicht zu viel Röhrlingsarten zu verwenden, weil sonst das Auspressen zu stark erschwert wird. Pfifferlinge eignen sich zur Extraktherstellung nicht, da der daraus hergestellte Extrakt einen sauren unangenehmen Geschmack besitzt.

Fehlerquellen bei der Herstellung von silierten Pilzen: Da das Silierungsverfahren ein biologisches Verfahren ist, ist unbedingt zu beachten, daß Sauberkeit während des ganzen Prozesses vorherrschen muß. Eine Grundbedingung ist, daß zu diesem Verfahren nur einwandfreie und gesunde Pilze Verwendung finden. Werden diese Voraussetzungen nicht berücksichtigt, so kommt es zu Fehlgärungen, die zu völlig unbrauchbaren Produkten führen können. Zur Aufbewahrung von silierten Pilzen können Buchenholzfässer nicht benützt werden, weil sie zu wasserlässig sind. Die Brauchbarkeit paraffinierter oder sonstwie abgedichteter Buchenholzfässer ist noch zu wenig erprobt. Großer Wert muß auch auf gleichmäßige Temperatur im Silierraum gelegt werden. Sie darf also weder zu hoch noch zu niedrig sein. Ferner ist zu beachten, daß durch hinreichenden Luftabschluß die Möglichkeit einer Infektion ausgeschaltet wird. In den Räumen, in denen die Fässer mit silierten Pilzen lagern, sollen die Raumtemperaturen 0^0 nicht unterschreiten, aber auch möglichst nicht über $+ 5^0$ hinausgehen, besonders wenn es sich um eine längere Lagerzeit handelt.

Fehlerquellen bei der Herstellung von Salzpilzen: Bei der sogenannten trockenen Salzung erreicht man eine möglichst gleichmäßige beschleunigte Verteilung des Salzes durch einen geringen Wasserzusatz von etwa 10%. Werden scharf und brennend schmeckende Michlings- und Täublingsarten verarbeitet, so ist beim Wässern derselben nach der Abkochung ausreichend zu kühlen, da sonst besonders bei warmer Witterung leicht Gärungserscheinungen auftreten können, und die Pilze dann bei der Weiterverarbeitung vollkommen zerfallen. Solche sauergewordene Pilze dürfen auf keinen Fall weiter verarbeitet werden.

Beim Einsalzungsprozeß beachte man, daß die Pilze ständig mit Lake bedeckt sind. Sollte aus irgendeinem Grunde Lake verlorengegangen sein, so ist dieselbe stets nachzufüllen.

Die Lagerung der Fässer muß luftig sein. Auch hier soll die Raumtemperatur 0^{0} nicht unterschreiten, aber auch möglichst nicht über $+ 5^{0}$ hinausgehen.

In bezug auf den Kochsalzgehalt ist nochmals festzustellen, daß ein zu hoher Kochsalzgehalt bis zu 20% nicht notwendig ist, da nach meinen Versuchen ein Zusatz von 5—8% Salz bereits genügt, um Pilze haltbar einzulegen, wenn die sonstigen notwendigen Vorsichtsmaßregeln bei der Herstellung und Lagerung beachtet werden.

Fehlerquellen bei der Herstellung von Essigpilzen: Bei der Verwendung von nicht scharf und brennend schmeckenden Pilzen zur Herstellung von Essigpilzen ist das Kochwasser, da es wertvolle Extraktstoffe enthält, im Vacuumapparat auf Pilzextrakt zu verarbeiten. Nach der Kochung mit Essig soll die Abkühlung der Pilze möglichst schnell erfolgen, am besten unter Kühlung durch Einstellen der Gefäße in kaltes Wasser. Wenn Essigpilze in Fässer eingelagert werden, so muß dies mit besonderer Sorgfalt in nur dichte Fässer geschehen.

Heilwirkung der Pilze

In diesem Kapitel soll dargelegt werden, daß die Pilze nicht nur von großer ernährungswirtschaftlicher Bedeutung sind, sondern auch Stoffe enthalten, die der Menschheit als Heilmittel dienen können; und zwar handelt es sich nicht nur um die niederen Pilze wie Schimmelpilze und Strahlenpilze, aus denen Heilstoffe gewonnen werden können, sondern in den letzten Jahren ist es auch gelungen, aus höheren Pilzen Heilstoffe (bakterientötende Stoffe oder antibiotische Stoffe) herzustellen. Daß man sich aber bereits nicht nur in den letzten Jahren mit dieser außerordentlich wichtigen Eigenschaft der Pilze beschäftigt hat, sondern auch unsere Vorfahren die Heilwirkung von Pilzen in mannigfacher Form ausnützten, dürfte allgemein interessieren. Vor einiger Zeit hat Dr. P. Maaz, Erfurt, interessante Ausführungen über Verwendung von Pilzen als Heilmittel im Altertum gemacht. Einiges Wissenswerte darüber möchte ich meinen Lesern nicht vorenthalten.

Das am meisten bekannte und auch am meisten verwendete Mutterkorn war schon lange vor Christi Geburt den Gelehrten nicht fremd, allerdings nicht wegen seiner Heilwirkung, sondern wegen seiner großen Giftigkeit. In die Heilkunde hatte es aber erst eine lange Zeit später Aufnahme gefunden. Streng genommen ist das Mutterkorn kein Pilz im landläufigen Sinne, also kein Fruchtkörper, sondern das Dauermyzelium von Claviceps purpurea, das sich auf Getreideähren, besonders dem Roggen, ansiedelt und eine gefürchtete Krankheit darauf hervorruft. Solches aus einer durch Mutterkorn verunreinigten Roggenernte gewonnene Mehl macht sich schon bei nur 5% Gehalt an diesem Pilzmyzel durch eine deutlich bläuliche Färbung kenntlich. Medizinisch angewendet wurde es zuerst vor Jahrhunderten bei den Chinesen und zwar genau wie jetzt noch zur Vermehrung der Geburtswehen und gegen innere Blutungen aller Art. Erst Ende des 16. Jahrhunderts wurden die europäischen Ärzte auf seinen Heilwert aufmerksam, während die Volksheilkunde sich schon vorher seiner bediente. Es wurde dann in großem Maßstabe als Arzneimittel auch in Deutschland eingesetzt und zwar unter der Bezeichnung Secale cornutum. Der Bedarf war so groß, daß man gezwungen war, beträchtliche Mengen aus dem Auslande einzuführen. Durch den empfindlichen Mangel an dieser Droge ist man in Deutschland und in der Schweiz schon dazu übergegangen, das Mutterkorn künstlich zu züchten.

Einer sehr großen Wertschätzung erfreuten sich bereits im Altertum die Trüffeln. Der medizinische Gebrauch der Trüffeln als Anregungsmittel (Aphrodisiacum) scheint die erste Kunde einer Anwendung von Pilzen als Arzneimittel zu sein. Interessant ist, daß der Nährwert der Pilze schon damals genügend bekannt war; denn sie wurden während der strengen Fastenzeit ständig als Fleischersatz verzehrt. Bekanntermaßen wachsen die Fruchtkörper der Trüffeln in Symbiose mit den Baumwurzeln hauptsächlich unter den Eichen 10—30 cm tief unter der Erde. Sie werden aus diesem Grunde mittels gut abgerichteter Spürhunde gesucht, in anderen Gegenden bedient man sich auch der Schweine.

Von den Bauchpilzen (Bovistarten) wird besonders im Arzneischatz Bovista Chirurgorum, Fungus rotundus, erwähnt. Das Sporenpulver dieses Pilzes wird seit Jahrhunderten als Stypticum zum Aufstreuen auf Wunden benutzt.

Pharmazeutisch fand auch der Wundschwamm Verwendung. Es ist der Fruchtkörper von Polyporus fomentarius. Diese Polyporusarten wachsen meist als Schmarotzer auf Bäumen oder an Baumstümpfen und liefern mehrere Heilpilze. Einer der wichtigsten davon, der auch bis auf den heutigen Tag noch in einzelnen Fällen verwendet wird und häufig noch einen festen Bestandteil in Hausapotheken zur schnellen Hilfeleistung ausmacht, ist der Wundschwamm. Er vermag durch den Wasserentzug das Blut zu koagulieren und wird daher zur Blutstillung bei nicht allzu großen Wunden gern benutzt.

Zu einer sehr großen Verwendung gelangte der Lärchenschwamm, der ebenfalls zu den Polyporaceen (Porlinge) gehört. Es ist ein Pilz, den man schon in den ältesten Lehrbüchern erwähnt findet, so z. B. bei Plinius. Er wurde allgemein in Kräuterbüchern als Apothekerschwamm bezeichnet, vielfach auch als Agaricus. Seine Anwendung ist eine äußerst vielseitige. Sein Indikationsfeld ist ein sehr umfangreiches, und es gibt kaum eine innere Krankheit, gegen die er nicht als Universalmittel geschätzt wurde. Vor allen Dingen verordnete man ihn gegen Asthma, Husten, Wassersucht, Milzleiden, Magen- und Darmleiden. Äußerlich wurde er gebraucht als Pflaster gegen den Biß giftiger Tiere u. dgl. mehr.

Ein weiterer Pilz aus der Reihe der Porlinge, dessen medizinischer Ruf auch auf ein hohes Alter zurückblicken kann, ist der hauptsächlich in der Umgebung von Neapel gefundene Knollen-Löcherschwamm. Dieser sehr wohlschmeckende Pilz soll eine stark harntreibende Wirkung haben. Er wurde insbesondere als Volksheilmittel sehr geschätzt.

Ein anderer Baumpilz mit medizinischen Eigenschaften, der aber nicht zu den Porlingen gehört, ist der auf meist alten Holunderstämmen schmarotzende Holunderschwamm oder Judasohr. Medizinisch wurde er frisch zum Auflegen auf entzündete Augen benutzt. Den getrockneten Pilz ließ man vorher in Rosenwasser aufquellen und nahm diesen schleimigen Aufguß ebenfalls zu Umschlägen bei Augenentzündungen oder auch zum Gurgeln bei Hals- und Rachenerkrankungen. Jetzt hat er sich als Heilmittel fast gänzlich überlebt, bildet jedoch in Ostasien noch einen gesuchten Handelsartikel zu Genußzwecken und wird namentlich von den Chinesen gern verzehrt. Er enthält u. a. eine Zuckerart (Trehalose). Schließlich erwähnt Maaz in seinen Ausführungen noch den Fliegenpilz, der unter dem Stichwort „Agaricus" in homöopathischen Lehrbüchern geführt wird. Er enthält bekanntermaßen ein giftiges Alkaloid, das Muscarin, das eine sehr starke Herzwirkung ausübt und auch auf Gehirn und Rückenmark lähmend wirkt. Diese Giftwirkung soll durch rechtzeitige Atropineinspritzungen aufgehoben werden. In der Homöopathie wird der Fliegenpilz noch in der Gegenwart verwendet. Der frische Pilz wird zu Essenz verarbeitet. Die Anwendung geschieht besonders gegen anginöse Herzbeschwerden, Veitstanz, chronischen Gelenkrheumatismus und skrofulöse Augenentzündung. Die starke Wirkung des Fliegenpilzes auf das Nervensystem benutzten die Kamtschadalen, um aus ihm ein berauschendes Getränk herzustellen, das bei Festlichkeiten verabfolgt wurde. Der Genuß soll in auffallender Weise eine langandauernde Erhöhung der Körperkräfte auslösen, oft verbunden mit heftigen Wutanfällen. Die sogenannte Berserker-Wut soll in dem Genuß dieses Getränkes ihre Ursache haben.

Schließlich ist noch der giftige Satanspilz zu erwähnen, der als wirksame Substanz Agaricinsäure, außerdem Phosphorsäure, harzige Substanzen und Fettsäuren enthält. Er wird insbesondere in der Homöopathie angewendet bei Ruhr, Wechselfieber, Gallen- und Leberleiden usw.

Aus niederen Pilzen wurden in den letzten zehn Jahren in der Heilkunde Penicillin und Streptomycin von großer Bedeutung. Penicillin, das vor etwa zehn Jahren von englischen und amerikanischen Forschern aus Schimmelpilzen gewonnen wurde, zeigt sich besonders wirksam bei allen Infektionen durch Staphylokokken und wird hier angewendet gegen Abzesse, Knochenmark- und Gehirnhautentzündungen. Weiter ist Penicillin wirksam gegen alle Streptokokkeninfektionen, wie Kindbettfieber, Bauchfellentzündung, ferner gegen Gonokokkeninfektionen und andere infektiöse Erkrankungen, für die bisher im wesentlichen nur chemisch hergestellte Stoffe, wie Sulfonamide, verwendet wurden. Anfang des Jahres 1949 wurde berichtet, daß es Prof. Lembke, Kiel, einer unserer bekanntesten Virusforscher in Zusammenarbeit mit einer Hamburger Firma nach langer Experimentierarbeit gelungen sei, ein neues Züchtungsverfahren zur Herstellung von Penicillin zu entwickeln. Zum erstenmal dürfte es dadurch gelingen, in Deutschland Penicillin in großen Mengen herzustellen.

Streptomycin wurde 1944 in den USA. in den Stoffwechselprodukten eines Strahlenpilzes entdeckt. Das Streptomycin ist eins der gesuchtesten Heilmittel gegen Gehirntuberkulose bei Kindern. Es hilft aber auch bei Typhuserkrankungen und vielen anderen Infektionen, bei denen Penicillin versagt. Interessant ist, daß man diesen Strahlenpilz, aus dem man das Streptomycin gewinnt, gelegentlich im Waldboden vorfindet; er verleiht ihm seinen würzigen und typischen Geruch.

Von besonderem Interesse für meine Leser wird nun sein, daß in den letzten Jahren auch die höheren Pilze in den Bereich der Untersuchungen zur Gewinnung von Heilstoffen gezogen wurden. Daß solche Heilstoffe auch in höheren Pilzen vorhanden sein mußten, konnte man annehmen, da bereits unsere Vorfahren, wie oben geschildert, die Heilwirkung von Pilzen anwendeten. Viele Pflanzen enthalten derartige Stoffe, so daß darauf geschlossen werden konnte, daß auch in höheren Pilzen Antibiotica vorhanden sind.

Bereits in den letzten Jahren des Krieges hatte ich in meiner Dresdener Untersuchungsanstalt gemeinsam mit Prof. Wedekind, Köln, jetzt Lüdenscheid, Versuche aufgenommen, um nachzuweisen, daß in höheren Pilzen antibiotische Stoffe anwesend sind. Leider mußten diese Versuche infolge des Ausganges des Krieges abgebrochen werden. Inzwischen haben in den letzten Jahren ausländische Forscher auf diesem Gebiet wichtige Entdeckungen gemacht. Die Versuche von Prof. Ch. Hollande von der pharmazeutischen Fakultät Montpellier begannen im Jahre 1944. Er beobachtete in den franz. Alpen ausgedehnte Flecken abgestorbener Gräser, an deren Rändern Hutpilze und zwar die weißen Riesentrichterlinge (Clitocyba gigantea und candida) wuchsen. Er zog daraus den Schluß, daß hier eine auf stofflicher Basis beruhende Antibiose vorliegen mußte. Tatsächlich zeigten wässerige Extrakte der getrockneten Pilze stark antibiotische (bakterientötend) Eigenschaften. Sie hemmten das Wachstum der Kokken-, Tuberkel-, Typhus- und Colibazillen, also gerade von Keimen, die Penicillin unbeeinflußt läßt. Die von Prof. Vermeulen vorgenommene weitere Verarbeitung ergab, daß diese Wirkung auf verschiedene Antibiotica zurückzuführen ist, von denen die gegen Kokken wirksamen in Äther löslich sind, während in der wässerigen Lösung die gegen den Bazillus Koch gerichtete Substanz zurückbleibt. Es handelt sich um das Clitocybin. Dieses ist ziemlich thermolabil, alkaliempfindlich, an Silikagel adsorbierbar, fluoresziert im ultravioletten Licht blau und besitzt wahrscheinlich Eiweißnatur. Es ruft Bakteriolyse von Tuberkuloseerregern hervor und zeigt auch im Tierversuch stark antituberkulose Eigenschaften. Behandlungsversuche an tuberkulisierten, dann mehrere Tage mit Clitocybin geimpften Meerschweinchen bewiesen, daß die Bazillen aus den Lungengeweben verschwanden. Man konnte weiße Blutkörperchen beobachten, vollgepfropft mit Tuberkelbazillen, die langsam aufgezehrt wurden. Das Clitocybin kann nicht nur aus frischen und getrockneten Pilzen gewonnen werden, sondern auch erfreulicherweise das Myzel dieser Pilze für die Herstellung des Clitocybins herangezogen werden. Klinische Versuche mit dem neuen Heilstoff liegen noch nicht vor, doch berechtigen die bisherigen Erfolge zu der Annahme, daß der neue Pilzwirkstoff im Kampf gegen die Tuberkulose von besonderer Wichtigkeit sein wird. In Deutschland sind die weißen Riesentrichterlinge, die Prof. Hollande für seine Untersuchungen benutzte, selten zu finden. Dagegen kommen der Riesentrichterling oder Mönchskopf *(Clitocyba geotropa)* und der Nebelgraue Trichterling, Nebelkappe *(Clitocyba nebularis)* in Norddeutschland teilweise in größeren Mengen vor. Sie sollen allerdings bedeutend weniger Clitocybin enthalten als die franz. Arten. Man darf gespannt sein, wie sich die Untersuchungen von Prof. Hollande weiterentwickeln.

Weiter wäre noch zu berichten, daß es 1946 schwedischen Forschern gelungen sein soll, aus dem echten Reizker oder Blutreizker einen Wirkstoff zu isolieren, der ebenfalls gegen Tuberkelbazillen anwendbar ist.

Aus dem Maipilz oder Mai-Ritterling sollen franz. Forscher im Jahre 1947 ebenfalls antibiotische Stoffe isoliert haben. Auch sowjetrussische Forscher haben sich in den letzten Jahren mit der Gewinnung von Heilstoffen aus höheren Pilzen beschäftigt.

Zusammenfassend zu diesem Kapitel möchte ich noch bemerken, daß wir erst im Anfang einer Entwicklung stehen, die der Menschheit auf dem Gebiete der Krankheitsbekämpfung noch großen Nutzen bringen wird. Vielleicht wird die ernährungswirtschaftliche Bedeutung der Pilze noch einmal übertroffen werden von der Bedeutung der Pilze als Heilmittel.

Die Pilze als Würzmittel

Die Pilze spielen nicht nur nährwertmäßig eine Rolle, sondern sie sind durch ihren Gehalt an Aroma- und Würzstoffen besonders zur Schmackhaftmachung von Speisen aller Art sehr beliebt. Kürzlich erschien in der Zeitschrift „Natur und Nahrung" eine sehr interessante Ausführung über Leistungserhöhung durch „Duft- und Schmeckstoffe" von Prof. Dr. Glatzel, Flensburg. Nach seinen Ausführungen genügt es nicht, daß wir unser Augenmerk auf den Gehalt der Nahrung an Kalorien, Eiweiß und Fett, an Vitaminen und Mineralstoffen richten, ebenso wichtig ist der Gehalt an Duft- und Schmeckstoffen. Die Ernährungsphysiologie hat die Duft- und Schmeckstoffe bisher recht stiefmütterlich behandelt, und doch: was wäre ein Essen, das nach nichts schmeckt und nach nichts duftet.

Über die chemische Natur der Duft- und Schmeckstoffe sind wir nur unvollkommen unterrichtet. Da es eine Gruppe von Stoffen ist, deren Gemeinsamkeit lediglich in bestimmten Wirkungen auf den menschlichen Körper besteht, liegt von vornherein die Annahme nahe, daß es sich um chemisch durchaus verschiedenartige Verbindungen handelt. Eine wichtige Rolle scheinen ätherische Öle und Diazetyle zu spielen. Die Bedeutung von histaminähnlichen Körpern, von anderen Abkömmlingen des Eiweißstoffwechsels und von kohlehydratähnlichen Stoffen läßt sich noch nicht übersehen. Daher sind auch Versuche, das spezifische Pilzaroma zu isolieren, bisher noch nicht gelungen. Die Duft- und Schmeckstoffe bedeuten mehr als nur eine angenehme, im übrigen aber belanglose Begleiterscheinung des Essens. Je besser es schmeckt, desto mehr es nützt. Wo die Ernährung so rationell wie möglich gestaltet werden soll, ist die Geschmacksfrage so wichtig wie die Eiweiß-, Vitamin- und Mineralstofffrage. Sie ist besonders in Notzeiten von großer Bedeutung. Es gibt viele einheimische Gewürzpflanzen, die noch lange nicht die Rolle in unserer Küche spielen, die sie spielen könnten und sollten. Es ist daher der Anbau von Gewürzkräutern in großem Umfange dringend zu empfehlen.

In unseren Pilzen haben wir nun nicht nur eine wertvolle Eiweißquelle, sondern auch ein vorzügliches Gewürz. Wie wohlschmeckend ist eine Suppe, die einen Zusatz von Frischpilzen, Pilzpulver oder Pilzextrakt erhalten hat. Wieviel angenehmer schmecken alle die gewöhnlichen Bratentunken und Soßen, wenn sie einen Zusatz von Pilzen erhalten. Es ist bekannt, daß der rohe Pilz in der Regel ganz anders als das nachher zubereitete Pilzgericht schmeckt. Wie ist dies nun zu erklären? Die Richstoffe, die aus den Pilzen gewonnen werden, sind sehr oft von anderer Art wie der Eigengeruch der Pilze. Manche völlig geruchlosen Pilze liefern sehr stark riechende Öle, so daß man vermuten muß, daß diese Öle nicht im Pilz vorgebildet sind, sondern erst bei der Behandlung mit Wasser oder schwachen Alkalien durch fermentative Spaltung entstehen. Nach Untersuchungen von D. Aye sind in verschiedenen Pilzsorten Mengen von 0,02 und 0,037 g im Kilo zumeist schwefelhaltiger Öle von verschiedenem Geruch vorhanden.

Es gibt verschiedene Pilzarten mit typischem Anisgeruch, zu ihnen gehören der Schafchampignon oder Anisegerling. Der Geschmack des Steinpilzes, des Feldchampignons und verschiedener guter Täublinge bezeichnet man als nußkernartig, der Mehlpilz weist einen typischen Mehlgeruch und -geschmack auf. Unter den scharf schmeckenden Täublingen ist der blaßgelbe Täubling wohl der häufigste. Er verliert beim Kochen seine Schärfe, schmeckt dann aber etwas bitterlich, was manche nicht als unangenehm empfinden. Im übrigen läßt sich die Bitterkeit leicht beseitigen, indem man nach kurzem Kochen das erste Kochwasser weggießt. Von den Milchlingen haben einige Arten einen überaus scharfen, pfefferartigen Geschmack; an erster Stelle steht hier der Pfeffermilchling *(Lactarius piperatus)*, der in manchen Gegenden ein ausgesprochener Massenpilz ist. Dieser Pilz wird in einem besonderen Kapitel von mir besprochen.

In diese Gruppe gehören auch noch hinein der rotbraune und der olivbraune Milchling. Jeder, der sie im Walde angetroffen und gekostet hat, weiß, wie lange der beißende und pfefferartige Geschmack auf der Zunge noch anhält. Der rotbraune und olivbraune Milchling werden auch als sogenannte Ostpreußenpilze bezeichnet und zur menschlichen Ernährung in der Weise verwendet, daß man sie längere Zeit wässert und das erste Kochwasser abgießt. Vielfach behalten sie trotz dieser Behandlung einen gewissen harzigen Geschmack, der aber von vielen als angenehm empfunden wird. Der olivbraune Milchling ergibt geschmort und nachher kalt mit Essig angemacht einen ganz vorzüglichen Pilzsalat. Erwähnenswert ist ferner der alkalisch zusammenziehende Geschmack des Hallimasch, der den rohen Pilz ungenießbar macht; auch bei der Zubereitung verschwindet dieser adstringierende Geschmack (zusammenziehend) nicht vollständig, so daß anzuraten ist, ihn nicht als Einzelgericht, sondern als Mischgericht zu verwenden. Der kahle Krempling und der Samtfußkrempling weisen einen säuerlichen, obstartigen Geruch und Geschmack auf. Man verwendet sie zweckmäßig in Form von Mischpilzgerichten. Der Pfefferröhrling *(Boletus piperatus)* zeichnet sich durch einen starken pfefferartigen Geschmack aus und wird daher nur als Würzpilz (Pfefferersatz) Verwendung finden können. Es wird allerdings auch berichtet, daß der Pfefferröhrling unvermischt zubereitet etwa wie stark gewürztes Gulasch schmeckt.

In der Gruppe der Röhrlingsarten wurde der angenehm nach Nußkern schmeckende Steinpilz bereits erwähnt, er wird aber im Geschmack noch übertroffen vom Königsröhrling *(Boletus regius)*. Der bekannte Pilzforscher Ricken bezeichnet ihn als kostbaren Speisepilz. Er erinnert im Geschmack an feinstes Kalb- oder Hühnerfleisch und gibt eine ausgezeichnete Brühe. Leider findet sich dieser Pilz nur selten in unseren heimischen Wäldern. In manchen Gegenden ein ausgesprochener Massenpilz ist das Kuhmaul *(Gophidius glutinosus)*. Der Pilz, der am besten in jungem Zustand verwendet wird, verleiht dem daraus zubereiteten Pilzgericht einen angenehm säuerlichen Geschmack.

Ein ausgesprochener Gewürzpilz ist der Mousseron oder Knoblauchpilz, der sich in unseren Wäldern nach starkem Regen oft massenhaft vorfindet. Beim Zerreiben des frischen Pilzes macht sich ein starker Geruch nach Knoblauch bemerkbar. Der Pilz wird schon von alters her sowohl im frischen als auch im getrockneten Zustand als Gewürz für Braten und Soßen verwendet. Wenn die Erfassung und Verwertung des Mousserons bei uns richtig durchgeführt würde, so könnte er in getrocknetem Zustande ein guter Handelsartikel sein, dem ein ganz hervorragender Würzwert zukommt.

Schließlich kommt in die Gruppe der Würzpilze noch der Bruchreizker *(Lactarius helvus)*, der in manchen Gegenden als Maggipilz bezeichnet wird. Dieser Name rührt daher, daß er beim Eintrocknen stark nach Zichorie oder Maggiwürze riecht. Als Gericht für sich genossen, erzeugt er kurze Zeit nach dem Genuß Übelkeit und Erbrechen; dagegen ist er in geringer Menge als Zusatz zu Speisen als Würzpilz sehr gut zu verwenden.

Aus den zahlreich angeführten Beispielen, die zeigen, welche verschiedenartigsten Würzstoffe die Pilze enthalten, geht hervor, daß die Pilze einen ganz ausgezeichneten Würzwert besitzen und wegen dieser Eigenschaft vielseitigste Verwendung finden sollten.

Pilzzüchtung

Die Pilzzucht hat in den letzten Jahren eine immer mehr fortschreitende Entwicklung genommen, und es liegt durchaus im Bereich der Möglichkeit, daß die künstliche Zucht der Pilze in Zukunft noch stark erweitert wird. Sie ist jedenfalls ein dringendes Erfordernis und Bedürfnis unserer Zeit geworden.

Allerdings ist zu bedenken, daß der Pilzzüchtung von vornherein bestimmte Grenzen gesetzt sind, wenigstens vom jetzigen Standpunkt unserer Kenntnis von den Lebens- und Wachstumsbedingungen aus gesehen. Die hier herrschenden Naturgesetze umgibt immer noch ein geheimnisvoller Schleier und es ist trotz eifrigster Forschung nicht gelungen, zu praktisch verwertbaren Erkenntnissen vorzudringen. So scheiden für die Züchtung wegen mangelnder Kenntnis der biologischen Zusammenhänge alle diejenigen Pilze aus, die in einer sogenannten Symbiose (Lebensgemeinschaft) mit Bäumen gedeihen und die man wissenschaftlich als Mykorrhizapilze bezeichnet. Das bekannteste Beispiel einer solchen Symbiose ist der Birkenpilz, der, wie schon sein Name sagt, nur unter Birken gedeiht, mit deren Wurzeln er in einer für beide Teile nützlichen Lebensgemeinschaft lebt. Zu diesen Mykorrhizapilzen gehören zahlreiche Röhrlinge, z. B. der Steinpilz, Täublinge, der Pfifferling u. a.

Eine zweite Gruppe bilden die humus- und dungbewohnenden Pilze, deren bekanntester Vertreter der Champignon ist. Da er unzweifelhaft in dieser Gruppe der bekannteste ist, und der auch vom wirtschaftlichen Standpunkt aus am meisten gezüchtet wird, möchte ich auf die Champignonzucht etwas näher eingehen. Es handelt sich hierbei um den sogenannten Zuchtchampignon, eine meist weiße Abart des Zweisporigen Champignon *(Psalliota bispora)*, der eine selbständige Art darstellt. Der Champignonanbau hat in Deutschland einen beachtlichen Umfang angenommen. Zu Beginn des letzten Krieges schätzte man die Jahresernte auf rund 100000 Zentner. Der Zuchtchampignon läßt sich auf verrottetem Dung von Pferden aus Myzel (oder aus Brut) leicht zur Entwicklung bringen. Er gedeiht am besten in nicht nassen oder dumpfen Räumen mit möglichst gleichmäßiger Temperatur. Die Zucht gelingt daher besonders gut in Ländern mit gleichmäßig mildem etwas feuchtem Klima (z. B. in Frankreich).

Die großartigsten Anlagen zur Zucht des Champignons befinden sich in den verlassenen Steinbrüchen und Katakomben von Paris, bis in Tiefen bis 150 m und mehr, wo die günstigsten Bedingungen für das Gedeihen der Pilze vorhanden sind. Es gelang den Franzosen bereits im vorigen Jahrhundert, nicht nur ihren eigenen Bedarf zu decken, sondern auch eine sehr beträchtliche Ausfuhr zu erzielen. Französische Wissenschaftler beschäftigten sich um die Jahrhundertwende mit der Aufgabe, die bis dahin rein praktisch betriebene Champignonkultur wissenschaftlich zu erforschen und womöglich rationeller zu gestalten. Es gelang den beiden Professoren Konstantin und Matruchot, die bis dahin vergeblich versuchte Keimung der Champignonsporen im Laboratorium durchzuführen und damit nicht nur einen sehr großen praktischen Erfolg für die Champignonzucht zu erzielen (Laborbrut oder Reinkulturbrut), sondern darüber hinaus eine allgemein gültige methodische Grundlage für die Pilzkultur zu schaffen. Viel schwieriger als in Frankreich ist die Champignonzucht in Ländern mit starkem Wechsel von Hitze und Kälte.

Immerhin ist es auch in Deutschland möglich, Champignons auch in größerem Maßstabe zu züchten, wie oben genannte Zahl einer Jahresernte beweist, und die Anlagen gewinnbringend zu bewirtschaften. Zu einer erfolgreichen Champignonkultur ist die Beachtung bestimmter Bedingungen unbedingt notwendig. Jeder, der die Anlage einer größeren Champignonkultur beabsichtigt, muß stets mit genügender Vorsicht zu Werke gehen. Allein um den Schädlingsbefall aus den Champignonzüchtereien fernzuhalten, bedarf es großer Arbeit und Vorsicht. Jeder alte Champignonzüchter weiß, daß er immer wieder mit großen Rückschlägen rechnen muß. Da die Pferdemistbeschaffung, der für die Beetanlage notwendig ist, immer wieder auf große Schwierigkeiten stößt, ist man in den letzten Jahren dazu übergegangen, die Züchtung nicht nur auf Pferdemist, sondern auf Industrierohstoffen wie Sägemehl, Stroh, Buchenlaub, Gerberlohe unter anderem durchzuführen. Jedoch sind diese Züchtungen auf Industrierohstoffen noch im Versuchsstadium, werden aber bestimmt in den nächsten Jahren bereits erfolgreich zur Massenzucht verwendet werden können. So ist es vor kurzem einem westdeutschen Züchter gelungen, bei der Zucht von Champignons auf Sägespänen aus dem reinen Versuchsstadium bereits in den praktischen Großversuch überzugehen. Über die Fortschritte der Champignonzucht in USA., die in den letzten Jahren besonders aufsehenerregend waren, wurden von Dr. A. Eppler, Leverkusen, auf einer Tagung des Bundes der Champignonzüchter im Oktober 1948 in Celle interessante Ausführungen gemacht. Nach seinen Angaben wurden in Amerika zu Beginn des letzten Krieges umgerechnet auf den Kopf der Bevölkerung etwa das Dreifache von dem geerntet, was in Deutschland zur gleichen Zeit produziert wurde. Der gewerbsmäßige Champignonanbau in Amerika hat wie bei uns in Deutschland etwa um die Jahrhundertwende eingesetzt. Nach dem Weltkrieg und vor allem von 1930 ab hat dann Amerika einen gewaltigen Vorsprung erreicht. Wir sprechen heute geradezu dort von einer Champignonindustrie. Im Jahre 1929 hatte der Amerikaner Lambert gefunden, daß beim Zuchtchampignon eine einzelne Spore ein fruchtbares Myzel liefern kann. In der Folge wurde dies bestätigt durch Arbeiten in Amerika, England, Sowjetunion und Frankreich, wobei weitgehend die Geschlechts- und Kernverhältnisse geklärt werden konnten. Während des letzten Krieges hat der Amerikaner Kligman diese Arbeiten weitergeführt und kam zu folgenden Ergebnissen: Man geht von einer bestimmten Sorte aus und zieht die Myzelien aus einer Anzahl Sporen einzeln heran (Einsporkulturen). Diese Myzelien, von denen man erwarten sollte, daß sie einheitlich wären, unterscheiden sich zum Teil erheblich in Aussehen, Wachstum, Fähigkeit zur Fruchtkörperbildung usw. Entsprechend zeigen sich auch Unterschiede an den Fruchtkörpern. Die einheitlich erscheinende Sorte spaltet also gewissermaßen auf. Man kann somit durch Auslese aus Einsporkulturen neue Zuchtstämme isolieren.

Interessante Ausführungen wurden von Dr. Eppler auch über die Kompostierung des Düngers gemacht. Umfangreiche Versuche, die sich über die Dauer von 5 Jahren erstreckten, wurden an einem Institut in Pennsylvanien durchgeführt und 1944 veröffentlicht. Hier waren die Ernten, die man auf den künstlichen Nährunterlagen erzielte, so gut oder besser als auf Dünger. Es wurde das verschiedenste Fasermaterial kompostiert: Stroh, ausgelaugtes Süßholz, verbrauchte Gerberlohe u. a.

Nach den Ausführungen über die Züchtung der Champignons möchte ich noch kurz auf ihre Konservierung und Begutachtung eingehen. Im wesentlichen wird man die gezüchteten Champignons zur Eindosung bringen mit Ausnahme dessen, was auf den Frischmarkt geht. Die Eindosung geschieht nach den Methoden, wie ich sie im Kapitel „Dosenkonservierung" für die übrigen Pilze und speziell für Champignons geschildert habe. Bei Verwendung von Schwarzblechdosen ist zu beachten, daß irgendwelche stärkere Zusätze von Säuren vermieden werden müssen, da sonst das Metall der Dose angegriffen wird. Näheres über die Haltbarkeit von Schwarzblechdosen ist in dem Kapitel „Dosenkonservierung" zu finden. Für die Beurteilung von Champignonkonserven werden die neuen Normen für Pilzkonserven maßgebend sein, die in dem Kapitel „Untersuchung und Beurteilung von Pilzen" aufgeführt sind.

Von den übrigen humus- und dungbewohnenden Pilzen, die gezüchtet werden können, sind noch zu erwähnen die Tintlinge, insbesondere der Schopftintling und der Parasolpilz, weiter der Violette Ritterling, dieser wird schon seit Anfang des Jahrhunderts gezüchtet. Weiter wird noch berichtet über die Züchtung des Nebelgrauen Trichterlings.

Die dritte Gruppe, die holzbewohnenden Pilze, eignet sich zur Züchtung am besten. In diese Gruppe gehört auch der Hallimasch, der ein sehr gefährlicher Baumschädling ist, und der die lebenden Bäume unfehlbar im Lauf der Zeit zum Absterben bringt. Gerade in letzter Zeit wird über eine außerordentliche Ausbreitung dieses gefährlichen Baumschädlings in süddeutschen Wäldern berichtet.

Die Ursache dafür dürfte in der außerordentlichen Trockenheit des Jahres 1947 zu suchen sein.

Die Zucht des Stockschwämmchens auf Buchenstubben und des Graublättrigen Schwefelkopfes ist jedoch ungefährlich und dient außerdem der weiteren Verbreitung dieser guten Speisepilze. An dieser Stelle möchte ich auch auf die umfassenden Versuche von W. Luthardt in Steinach (Thüringer Wald) über die Kultur des auf abgestorbenen Buchenholz wachsenden Stockschwämmchens *(Pholiota mutabilis)* näher eingehen. Ich hatte Gelegenheit, mit W. Luthardt mehrfach in der früher von mir geleiteten Dresdener Staatlichen Untersuchungsanstalt über seine Arbeiten zu sprechen und konnte auch in Steinach mich von dem Fortschritt seiner praktischen Versuche überzeugen. Ohne Zweifel ist durch die Luthardtschen Versuche ein großer Schritt vorwärts in der Züchtung eßbarer, holzbewohnender Pilze erzielt worden, und man kann seine Versuche als richtungweisend bezeichnen. In jahrelanger Arbeit hat W. Luthardt die biologischen Wachstumsbedingungen und Fruktifikationsvorgänge beim Stockschwämmchen erforscht und weitgehend aufgeklärt. Die praktische Auswertung der gewonnenen Erkenntnisse ermöglicht eine sichere und erfolgreiche Kultur dieses wertvollen Speisepilzes. Durch Vorzucht von Pilzmyzel auf Buchenholzabschnitten im Treibhaus, im Keller oder im Freien wird Impfmaterial gewonnen, mit dem anderes Buchenholz beimpft wird, auf dem sich dann die Fruchtkörper entwickeln. Für die Wirtschaftlichkeit des Verfahrens ist es von Bedeutung, daß alle möglichen Buchenholzabfälle wie Reisig, Äste, Kronenholz, auch Sägespäne benutzt werden können. Das Verfahren ist aus dem Versuchsstadium bereits in die praktische Verwertung übergegangen. W. Luthardt selbst warnt ausdrücklich vor übertriebenen Hoffnungen auf Erträge und will dadurch sehr richtig Enttäuschungen vermeiden, die einen nicht wieder gutzumachenden Schaden bringen würden.

Daß die Einwirkung von Pilzen auf Holz, also jahrelanges Pilzwachstum, das Holz derart auslaugt, daß es zu manchen industriellen Auswertungen besser ist als frisches Holz, ist eine Tatsache, die erst neuerdings im Zuge der Luthardtforschung festgestellt worden ist. Zu erwähnen ist weiterhin die Ausnutzung von Millionen Hartholzstubben (verwurzelte Stöcke im Walde), die nicht gerodet werden können. Da die Forschung nicht nur das erfolgreiche Beimpfen der frischen, sondern auch bereits der alten Stubben durchgeführt hat, eröffnet sich hier ein großes Gebiet für Schaffung zusätzlicher Nahrung und Erhöhung einer schnelleren Humusbildung im Walde. Ein nicht beimpfter Hartholzstubben steht etwa 40 Jahre im Walde, wogegen ein beimpfter in etwa 10 Jahren dem Stoffwechsel verfallen ist oder nach 5 Jahren leicht ohne Schädigung der Waldflora zu weiterer Verwertung entnommen werden kann. Ob das Luthardtsche Verfahren durch den bestehenden und auch in absehbarer Zukunft noch andauernden Holzmangel Rückschläge erleiden wird, wird die Zukunft lehren.

Eine lohnende Aufgabe ist es, auf noch von Pilzen unbefallenem Holz im Keller oder Schuppen oder im Freien Pilze zu züchten. Dies bietet insofern keine zu großen Schwierigkeiten, als die holzbewohnenden Pilze gegen Trockenheit verhältnismäßig unempfindlich sind. Wenn sie gedeihen sollen, muß allerdings immer etwas Feuchtigkeit zugegen sein. Ungenützte Räume in Gewächshäusern oder feuchten Kellern erscheinen am günstigsten. Hier bietet sich dem Pilzfreund ein reiches Betätigungsfeld. Er nimmt sich am zweckmäßigsten einen von einem der genannten holzbewohnenden Pilze befallenen Holzteil mit nach Hause und nagelt davon abgeschnittene Scheiben auf noch nicht infiziertes Holz der gleichen Art. Sind die sonstigen Wachstumsbedingungen gegeben, so kann er dann Jahr für Jahr seine Freude an ausgiebigen Pilzrasen erleben, bis in etwa einem Jahrzehnt das Holz erschöpft ist.

Am Schluß des Kapitels möchte ich noch auf den in Japan vorkommenden Shiitakepilz hinweisen, der auf Eichenholzknüppeln wächst, in großen Mengen gezüchtet wird und in Japan als Trockenpilz ein bedeutender Handelsartikel ist, ähnlich wie bei uns der Champignon. Nähere Angaben über diesen Shiitakepilz verdanken wir Forstprofessor Mayr in München und dem Botaniker Molisch in Wien, die mehrere Jahre lang in Japan Vorlesungen hielten und uns wertvolle biologische Kenntnisse über die Pflanzenwelt dieses Landes vermittelt haben.

Näheres berichte ich über diesen interessanten Pilz im Kapitel „Auslandsvorkommen der Pilze“ Bemerkenswert ist noch, daß in Indonesien auf Reisstroh Pilze gezüchtet werden.

Pilze als Futtermittel

Pilze können außer zur menschlichen Ernährung auch zur Fütterung von Tieren herangezogen werden. Es ist bekannt, daß der Pilz bereits im Walde vom Wild sehr gern aufgenommen wird. So wird berichtet, daß die Hirschbrunst *(Fungus cervinus,* auch Hirschtrüffeln genannt) vom Wild sehr gern gefressen und bei ihm eine Anregung des Geschlechtstriebes hervorgerufen wird. Im Verlauf meiner Forschungsarbeiten habe ich mich nun insbesondere in langjährigen Versuchen mit der Fütterung von Pilzen bei Schweinen, Hühnern und Fischen beschäftigt und besonders die Auswirkung dieser Fütterungsversuche untersucht.

Bei den Versuchen der Fütterung von Schweinen konnte ich zunächst ganz allgemein feststellen, daß zur Schweinemast nahezu alle Pilze Verwendung finden können. Diese Tatsache konnte aus Fütterungsversuchen, die in der Schweinemästerei Dresden-Kaditz durchgeführt wurden, festgestellt werden. Es wurden den Schweinen folgende allgemein für die menschliche Ernährung als schädlich anzusehende Pilze verfüttert:

Gelblicher Knollenblätterpilz	*Amanita mappa*	Pantherpilz	*Amanita pantherina*
Porphyrbrauner Wulstling	„ *porphyria*	Hoher Wulstling	„ *excelsa*
		Fliegenpilz	„ *muscaria*
		Brauner Fliegenpilz	„ *umbrina*

Mit den genannten Pilzen wurden Versuchsschweine mehrere Wochen hindurch neben anderem Futter zuerst in geringen Mengen, später mit größeren Zusätzen, bis zu 1 Kilo am Tag gefüttert. Die Tiere vertrugen diese Kost sehr gut. Gesondert wurden dann mit dem giftigsten aller Pilze — *Amanita phalloides* — Grüner Knollenblätterschwamm, Versuchstiere gefüttert. Bei geringen Mengen von grünem Knollenblätterpilzpulver zeigten sie keinerlei gesundheitliche Schädigungen. Daraufhin bekamen sie als Höchstdosis, sechs Tage später, auf einmal je 20 g grünes Knollenblätterpilzpulver als Beikost, was etwa der 10fachen Menge frischer grüner Knollenblätterpilze entspricht. Die Tiere zeigten am Tage darauf Durchfall, der sich aber bald wieder verlor. Sonstige außergewöhnliche Beobachtungen wurden nicht gemacht. Das Erstaunliche an dem letzten Versuch war, daß die Tiere Mengen dieses Giftpilzes vertrugen, die beim Menschen ohne weiteres zum Tode geführt hätten.

Das Ergebnis dieses letzten Versuches erregte in Fachkreisen erhebliches Aufsehen, ja es wurde sogar die Richtigkeit dieser Versuchsergebnisse angezweifelt. Geheimrat Wieland, München, der sich bereits viele Jahre mit eingehenden Untersuchungen über das Gift des Grünen Knollenblätterschwammes beschäftigt hatte, hat dann die Richtigkeit meiner Versuchsergebnisse durch eigene Untersuchungen erhärtet. Er stellte fest, daß das Gift des Grünen Knollenblätterschwammes durch ein im Schweinemagen vorhandenes Ferment in unschädliche Verbindungen zerlegt wird.

Durch die angestellten Versuche mit Giftpilzen konnte nachgewiesen werden, daß zur Schweinefütterung aller Pilzabfall Verwendung finden kann.

Sehr interessant waren nun die Schweinefütterungsversuche mit Pilzmehl, die mit einer Bucht von 12 Schweinen in der Schweinemästerei Dresden-Kaditz durchgeführt wurden. Diese Versuche wurden unter laufender Gewichtskontrolle bis zur Schlachtung der Tiere fortgesetzt. Die Schweine erhielten neben einem Grundfutter von 600 g Zuckerrübenschnitzeln täglich je 150 g Pilzmehl, während den Vergleichstieren an Stelle von Pilzmehl täglich je 150 g Fischmehl verabfolgt wurde. Die Versuche erstreckten sich über 188 Tage. Den Verlauf der Versuche veranschaulicht die Tabelle XVI.

Die Versuche verliefen ohne Zwischenfälle. Irgendwelche Besonderheiten wurden dabei nicht beobachtet. Allerdings konnte festgestellt werden, daß die Schweine in den ersten Tagen das pilzmehlhaltige Futter infolge des intensiven Pilzgeschmackes schlecht angenommen haben. Die Versuchsschweine gediehen ebenso und nahmen genau so zu wie die übrigen Tiere. Das Gesamtgewicht der 12 Schweine betrug am 31. Mai 1940 1493 Kilo und am Schlachttag, den 3. Juni 1940, 1541 Kilo. Die mit Fischmehl gefütterten Schweine hatten Schlachtgewichte derselben Größenordnung.

Tabelle XVI

Fütterungsversuche mit 12 Schweinen in der Schweinemästerei Dresden-Kaditz

Nr.	Tag der Wägung	Gesamtgewicht der 12 Schweine in kg	Zahl der Fütterungstage zwischen 2 Wägungen	Tägliche Gewichtszunahme der 12 Schweine in kg	Tägliche Gewichtszunahme eines Schweines in kg
1	18. 10. 1939	537			
2	1. 11. 1939	654	14	8,36	0,70
3	15. 11. 1939	694	14	3,57	0,30
	Am 16. 11. 1939 begann die Pilzmehlfütterung				
4	1. 12. 1939	748	16	3,37	0,28
5	30. 12. 1939	830	29	2,83	0,24
6	1. 2. 1940	947	33	3,55	0,30
7	1. 3. 1940	1040	29	3,31	0,26
8	1. 4. 1940	1228	31	6,06	0,51
9	30. 4. 1940	1348	29	4,14	0,35
10	21. 5. 1940	1468	21	5,71	0,48

Es war also mit Pilzmehl dasselbe Fütterungsergebnis erzielt worden wie mit Fischmehl, trotzdem das Fischmehl an und für sich eiweißreicher ist. Es konnte daraus gefolgert werden, daß die im Pilzmehl reichlich vorhandenen Kohlenhydrate vom tierischen Organismus weitgehend ausgenützt werden. Die Untersuchung des Fleisches der „Pilzschweine" ergab keine chemisch erfaßbaren Unterschiede gegenüber dem Fleisch anderer Schweine. Auffällig war seine helle Farbe. Auch wurde das Fleisch von den schlachtenden Fleischern als etwas wässerig bezeichnet. Das ist aber nicht etwa auf einen höheren Wassergehalt zurückzuführen, sondern hat seinen Grund darin, daß Stütz- und Bindegewebe leichter Wasser abgeben, wodurch das Fleisch wässerig erscheint. Geschmacklich war das Fleisch nach der Zubereitung normal, daraus hergestellte Würste wurden als aromatisch bezeichnet. Die angenehm nach Pilz schmeckenden Wurstwaren wurden vom Publikum ganz besonders gern gekauft.

Auf Grund der besonders günstigen Fütterungsversuche, die mit Pilzmehl in der Schweinemästerei Dresden-Kaditz durchgeführt worden waren, regte das Ernährungsministerium eine Überpfüfung der Fütterungsversuche durch amtliche Tierfütterungsinstitute an. Es sollte dadurch auch gleichzeitig die wichtige Frage geklärt werden, ob Pilze ein brauchbares Futtermittel darstellen und geeignet sind, durch ihren Eiweißgehalt anderes Eiweiß zu ersetzen. Prof. Richter, der ehemalige Leiter des Institutes für Haustierfütterung, in Kraftborn bei Breslau, hat seine damaligen Versuche mit Pilzpreßrückständen aus der Versuchsanlage Waldow durchgeführt. Sein abschließender Bericht besagt, daß diese Preßrückstände ein geeignetes Beifuttermittel für die Schweinemast darstellen. Das bedeutet eine Bestätigung der guten Ergebnisse, die bei den Versuchen in der Dresdener Schweinemästerei erhalten worden waren. Prof. Stahl, der Leiter der Versuchsanstalt für Schweinehaltung in Ruhlsdorf bei Berlin erhielt mit demselben Versuchsmaterial weniger günstige Ergebnisse. Diese sind nach meiner Ansicht darauf zurückzuführen, daß Prof. Stahl das Pilzpulver zusätzlich zu der an und für sich auch im Eiweißgehalt ausreichenden Grundnahrung verfüttert hat, statt es im Austausch gegen andere Eiweißstoffe einzusetzen. Die Versuche von Prof. Stahl sollten unter veränderten Versuchsbedingungen auf meine Anregung wiederholt werden, konnten aber wegen der durch das Kriegsende veränderten Umstände nicht mehr abgeschlossen werden.

Weitere Tierfütterungsversuche wurden mit Fischen in der damaligen Reichsanstalt für Fischerei, Abteilung für Karpfenzucht in Hirschberg am See, durchgeführt. Als Versuchsobjekte dienten einerseits Bachforellen und Bachsaiblinge, andererseits Karpfen und Schleien. Als Beifutter zu dem eiweißreichen Pilzmehl wurden gequetschte, gekochte Kartoffeln und Kleie verwendet. Diese Beimengung soll sich sehr bewährt haben, weil das Futter dadurch eine feste Konsistenz erhielt und bei der Verfütterung in Wasser nicht zerfiel. Die Mischung von Pilzmehl und Kartoffel verhielt sich noch günstiger als die von Pilzmehl und Kleie. Nach dem Bericht von Prof. Dr. Schäperclaus, der die Versuche leitete, wurde das Futter bis zum Schluß von den Fischen sehr gern aufgenommen. Wachstum und Gesundheitszustand der Fische waren während der ganzen Versuchsdauer sehr zufriedenstellend. Verluste traten nicht ein. Die Pilzmehlfütterung hat sich also für Fische durchaus bewährt.

Schließlich wurden auch Fütterungsversuche mit Pilzmehl bei Geflügel durchgeführt. In dem Geflügelzuchtbetrieb des Herrn von Olberg bei Meißen wurden Pilzpreßrückstände aus der Versuchsanlage Waldow ein Jahr lang zur Fütterung von Hühnern verwendet. Nach einem abschließenden Gutachten des Betriebes haben die Preßrückstände die Legetätigkeit der Hühner lebhaft gesteigert und sich als brauchbarer Ersatz für Fisch- oder Fleischmehl erwiesen.

Auf Grund der günstigen Ergebnisse der Fütterungsversuche mit Pilzen bei verschiedenen Tierarten ist jedem pilzverarbeitenden Betriebe anzuraten, sich Schweine und Hühner zur Verfütterung der in den Betrieben zahlreich anfallenden Pilzabfälle zu halten. Bei einigen Betrieben wurden hier schon recht gute Ergebnisse erzielt.

Auslandsvorkommen der Pilze

Wenn wir den Pilzreichtum unserer Wälder betrachten, erhebt sich bei vielen die Frage, wie es sich eigentlich mit dem Vorkommen der Pilze in anderen Ländern verhält. In meiner Eigenschaft als Leiter der Forschungsgemeinschaft Pilzverwertung führte ich in Zusammenarbeit mit den obersten Ernährungsbehörden in den Jahren 1941—1944 mehrere große Reisen durch und lernte besonders in den damals besetzten östlichen Gebieten viel Interessantes über Pilzvorkommen und Pilzverwertung in diesen Ländern kennen. Hierüber möchte ich einiges berichten.

Da befand sich zunächst in dem riesigen Waldgebiet der *Tuchler Heide* in Bruss, südwestlich Danzig, die größte Pilzfabrik Europas. Sie war in der Lage, täglich bis zu 50000 Kilo Frischpilze zu verarbeiten. Es wurden in Bruss neben Dosenpilzen vornehmlich Trockenpilze in größtem Ausmaß hergestellt. Das dort gewonnene Pilzpulver war von hervorragender Qualität. Da der Inhaber der Firma ein Italiener war, wurden als Spezialität auch größere Mengen Essigpilze hergestellt. In einzelnen pilzreichen Jahren wurden in der Saison bis zu einer Million Kilo Frischpilze verarbeitet. Als Pilzarten kamen die für sandige Kiefernwälder besonders typischen Grünlinge, Sandpilze, Butterpilze und Pfifferlinge in riesigen Mengen vor.

Weiter östlich wurden im Kriege durch eine Konservenfabrik, die ihren Sitz in Prostken hatte, die riesigen Pilzmengen, die in den Wäldern um Grodno und Bialystok wuchsen, verwertet. Bereits im Frühjahr wurde hier die Lorchel, die in vielen Gegenden fälschlich Morchel genannt wird, und in diesen Wäldern in ungeheuren Mengen wuchs, verwertet und zwar als Dosenware oder als Trockenware. Das Vorkommen z. B. von Grünlingen war in diesen Wäldern so zahllos, daß man an die Verwertung durch sogenannte Pulpstationen heranging. Diese Pulpstationen waren primitive Verarbeitungsbetriebe, in denen die Grünlinge in bereitgestellte Fässer nach vorherigem Putzen, mit Salz eingelegt wurden. Eine andere Verarbeitungsweise war infolge des ungeheueren Anfalles und der weiten Entfernungen bis zur nächsten Konservenfabrik, nicht möglich.

Sehr große Pilzmengen wurden in den Wäldern Polens gesammelt und verwertet. Bekannt ist ja, daß Polen bereits seit vielen Jahren Trockenpilze nach Amerika exportiert. Auch von uns wurden im Kriege in den polnischen Gebieten sehr große Mengen von Pilzen verwertet, die der Ernährungswirtschaft zugute kamen. Besonders groß war das Pilzvorkommen in Polen in den Wäldern südlich von Lublin, in denen unter anderem riesige Mengen von Blut- oder Edelreizkern wuchsen; weiter in den Wäldern südlich Krakau in der Richtung auf die slowakische Grenze zu.

Wenn man im Sommer oder Herbst auf der Straße von Krakau über Zakopane durch die herrlichen Wälder fährt, stehen an den Straßenrändern der Dörfer die Kinder mit Körben voll herrlichster Pilze, die sie den Durchfahrenden zum Kauf anbieten.

Kommt man von Zakopane her über die polnisch-slowakische Grenze, so gelangt man in die Mittelslowakei mit den tiefen Wäldern der Hohen Tatra. Hier liegt im Zentrum dieses Gebietes in Liptovsky Hradok die staatliche slowakische Pilzverwertungsanlage mit ihren großen Trockenanlagen. Ich habe selten wieder so schlohweiße, getrocknete Steinpilze gesehen, wie sie die Anlage in Liptovsky Hradok herstellte. Die Slowakei ist wohl das pilzreichste Land Europas. Ich habe mich davon überzeugen können, als ich dieses schöne Land kreuz und quer durchfahren habe. In den Kriegsjahren ist es uns gelungen, durch Mitarbeit von deutschen und tschechischen Firmen dort riesige Mengen von Pilzen zu verwerten. Insbesondere wurden in der Slowakei auch große Mengen von Pilzen siliert. Die Zahl der verwerteten Pilze betrug viele Millionen Kilo. Nach allen Ländern Europas wurden slowakische Trockenpilze ausgeführt. In den ersten Kriegsjahren ließ die Qualität der slowakischen Trockenpilze manchmal recht zu wünschen übrig. Guten Mischpilzen waren vielfach Täublingsarten und Pfeffermilchlinge beigemischt. Durch erfolgreiches Einschreiten der slowakischen Behörden und zwar insbesondere der landwirtschaftlichen Untersuchungsstation in Preßburg gelang es, durch scharfe Überwachungsmaßnahmen die Qualität der Trockenpilze mit der Zeit ganz wesentlich zu heben.

Groß sind auch die Vorkommen von Pilzen in den übrigen Teilen der Tschechei, besonders in den Böhmischen und Mährischen Wäldern. Eine der größten Verwertungsanlagen war hier in der Gegend von Budweis. Diese Anlage zeichnete sich besonders dadurch aus, daß in ihr die größten Silagekammern zur Silierung von Pilzen vorhanden waren, wie ich sie nirgendwo wieder festgestellt habe. Nach den Vorschlägen des Inhabers dieser Firma wurden auch in der Slowakei große Mengen von Pilzen siliert, wie ich bereits erwähnt habe. Diese silierten Pilze fanden in den größeren tschechischen Städten ohne weiteres Absatz und waren von ausgezeichneter Qualität. Eine weitere größere Verwertungsanlage, die hauptsächlich Trockenpilze herstellte, befand sich in der Gegend von Königgrätz.

Unendlich groß muß auch das Vorkommen von Pilzen in den russischen Wäldern sein. Hauptspezialität der russischen Pilzverwertungsindustrie ist das Salzen und Trocknen der Pilze. Aus den Berichten von Kriegsgefangenen sowohl des ersten als auch des zweiten Weltkrieges wissen wir, daß allein in der Taiga Sibiriens ungeahnte Mengen von Pilzen wachsen, die sich durch Größe und Farbenpracht auszeichnen. Bei vielen Volksstämmen Nord-, Mittel- und Südsibiriens finden wir in Essig eingelegte Pilze und nach anderen besonderen Verfahren zubereitete Pilze vor, die oft nicht den ungeteilten Beifall der Gefangenen fanden. Es ging aber aus den Berichten hervor, daß Pilze in dieser Form bei den dortigen Volksstämmen nie fehlten, und daß sie, um die Gäste zu ehren, ihnen davon anboten.

Von Sibirien machen wir einen Sprung weiter östlich nach Japan. Dort hat eine überragende Bedeutung der *Shiitakepilz* gewonnen. Angaben über diesen Pilz verdanken wir, wie ich bereits im Kapitel „Pilzzüchtung" erwähnt habe, den Forschern Mayr und Molisch, die mehrere Jahre lang in Japan Vorlesungen hielten und uns wertvolle biologische Kenntnisse über die Pflanzenwelt dieses Landes vermittelt haben. Der Shiitakepilz ist nach ihren Angaben vor allem im Süden Japans zu finden, doch kommt er auch im Norden vor. Er verlangt hohe Boden- und Luftfeuchtigkeit, die durch die maritime Lage Japans von Natur aus gegeben ist. In der subtropischen Zone kommt er besonders reichlich vor, hier werden die größten Pilzfruchtkörper geerntet, die auch am höchsten bewertet werden. Im Norden, wo sich die Buchenwälder Japans befinden, nimmt die Größe und das Aroma des Pilzes ab.

Er wächst auf toten Holzteilen der Kastanie, der Buche und verschiedener Eichenarten. Der Pilzhut sieht braun aus und ist meist etwas unregelmäßig gestaltet, die Lamellen sind weißlich-gelb, die Sporen weiß, der Stiel ist ringlos, mäßig dick und weißlich-gelb. Der Pilz wächst im Frühjahr und im Herbst. Wegen seines köstlichen Aromas — der Geschmack ist mousseronartig — wird der Pilz in Japan seit alters her am meisten als Speisepilz geschätzt und in verschiedenster Weise bei Herstellung der Speisen verwendet. Er wird auch in großen Mengen zur Verwertung getrocknet. Es wird weiter berichtet, daß die Züchtung dieses Pilzes im großen betrieben wird. Japanische Forstleute teilten mit, daß in verschiedenen Forstrevieren die Shiitakeernte die Hauptproduktion darstellt.

Nach Mayr kann man eine langsame und eine schnelle Kulturmethode unterscheiden. Bei der langsamen Methode liefert eine Eichenniederwaldwirtschaft mit 20jährigem Umtrieb das nötige Nährmaterial; die Holzknüppel sind also verhältnismäßig dick. Bis zum ersten Hervorbrechen der Fruchtkörper aus der Baumrinde vergehen 6 Jahre. Es werden auf diese Weise die größten und teuersten Fruchtkörper gewonnen. Bei der schnellen Methode, die Mayr übrigens auch für Deutschland brauchbar hält, werden nur jüngere Bäumchen und Äste zur Infektion benutzt. Schon im Herbst des ersten Jahres, besonders aber im zweiten und den

folgenden vier Jahren nach der Infektion, brechen aus der Rinde vornehmlich an den Schnittwunden die Fruchtkörper hervor. Langsames Trocknen im Schatten erhält das Aroma.
Interessant ist, daß nach den Berichten von J. Liese kein Zweifel darüber besteht, daß der Shiitakepilz in Deutschland erfolgreich angebaut werden kann. Allerdings müssen nur sehr feuchte Lagen für seine Anzucht verwendet werden. Liese gelang es, durch Vermittlung eines japanischen Forstmannes durch Flugpost frische Fruchtkörper zu erhalten, aus denen er eine Reinkultur herstellte. Die zur Zeit in Deutschland vorhandenen Shiitakepilzstämme dürften sämtlich Abimpfungen dieser Kultur sein.
In den *USA.* steht an erster Stelle die Champignonzucht, die nach dem ersten Weltkrieg und vor allem in den dreißiger Jahren einen großen Aufschwung genommen hat, so daß die USA. in bezug auf die Champignonkultur vor den europäischen Ländern einen gewaltigen Vorsprung erreicht hat. Man spricht dort direkt von einer Champignonindustrie. Während zu Beginn des letzten Krieges die Jahresernte in Deutschland an Zuchtchampignons auf rund 100000 Zentner geschätzt wurde, hat man zum gleichen Zeitpunkt in USA., umgerechnet auf den Kopf der Bevölkerung, das Dreifache geerntet. Näheres über die Champignonzucht in USA. bringe ich in dem Kapitel „Pilzzüchtung". Auf Grund der großen Bedeutung, die der Champignonzucht in *Amerika* zukommt, wurden dort auch umfangreiche Versuche zur Konservierung von Champignons und zwar besonders Schnellgefrieren und Trocknen durchgeführt. Über diese Versuche wird in den Kapiteln „Trocknen" und „Tiefgefrieren" berichtet. Über die Verwertung von Waldpilzen in USA. wird verhältnismäßig wenig berichtet. Das liegt vermutlich daran, daß die meisten der großen Waldgebiete vollkommen unzugänglich sind, und daher eine organisierte Pilzverwertung auf große Schwierigkeiten stößt.
Auf einem sehr hohen Stand befindet sich auch die Champignonzucht in *Frankreich.* Zu Hilfe kommt hier das gleichmäßig milde, feuchte Klima. Es gelang den Franzosen bereits im vorigen Jahrhundert, nicht nur ihren eigenen Bedarf zu decken, sondern auch eine beträchtliche Ausfuhr zu erzielen. Auch der Trüffelkultur hat man in Frankreich besondere Aufmerksamkeit zugewendet. Charles Laval gab dazu bereits 1884 eingehende Anweisungen. Die Trüffeln lieben nicht nur einen tonigen oder sandigen Kalkboden, sondern sie sind auch in ihrem Vorkommen an Laubbäume verschiedener Art gebunden, ganz besonders aber an die Eichen und Buchen. Nur in solchen Laubholzbeständen findet man sie an den äußersten Wurzelspitzen der erwähnten Bäume. Um Trüffeln anzusiedeln, empfiehlt Laval die Anpflanzung von ein- bis zweijährigen Eichen, die aus Trüffelwäldern stammen und daher im Wurzelballen meist Sporen oder Myzel von Trüffeln enthalten, oder aber die Verwendung von Eicheln,

die in Trüffelwäldern gesammelt worden sind, zur Aussaat. 6—10 Jahre nach der Anlage solcher Eichenwälder können Trüffeln geerntet werden. In Südfrankreich wird im Dezember und Januar die besonders wertvolle Perigord oder Wintertrüffel geerntet. Infolge der schwierigen klimatischen Verhältnisse dürfte es nicht möglich sein, diese Wintertrüffel in Deutschland zu züchten. Auch in Frankreich erfrieren in manchen Jahren die Trüffeln im Boden. Über die Verwertung von Waldpilzen in Frankreich liegen mir Berichte vor über die Gegend von Orleans, wo besonders Pfifferlinge konserviert werden. Sehr pilzreich sind auch die Vogesen und zwar besonders die Gegend um Baccarat. Über das Pilzvorkommen in *Italien* ist zu berichten, daß das größte Pilzverwertungsgebiet in Piemont liegt, wo es viele kleine und mittlere Verwertungsanlagen gibt. Weiter gibt es Pilzvorkommen in Toskana und Venezien, im Trientgebiet, ferner in Kalabrien, wo aber infolge der großen Trockenheit die Pilzernte oft verloren geht.

In Nordeuropa wird größeres Pilzvorkommen in Mittel- und Nordnorwegen gemeldet. Weiter in *Finnland,* wo das Pilzwachstum so groß ist, daß von dort aus größere Mengen in verschiedene europäische Länder exportiert wurden. Im Kriege exportierten die Finnen Salzpilze auch nach Deutschland. Ich erhielt verschiedene Untersuchungsmuster der eingeführten Salzpilze und konnte feststellen, daß sich darunter auch der in Deutschland kaum bekannte nördliche Milchling (Lactarius trivialis) befand. Der Leiter unserer Pilzversuchsanlage Waldow befand sich mehrere Jahre in Finnland und stellte dort in seiner Konservenfabrik auch größere Mengen von Pilzkonserven her.

Untersuchung und Beurteilung von Pilzen und Pilzerzeugnissen

Die Untersuchung und Beurteilung von Pilzen und Pilzerzeugnissen ist sowohl für die pilzverarbeitende Industrie als auch für die mit der amtlichen Lebensmittelüberwachung betrauten chemischen Untersuchungsanstalten und für die privaten Chemiker von großer Wichtigkeit, da nur einwandfreie und wertmäßig gute Pilzprodukte in den Handel gelangen sollen. Weiter soll die Bevölkerung dadurch vor minderwertigen und evtl. sogar gesundheitsschädlichen Waren geschützt werden. An behördlichen Anordnungen und Verordnungen über den Verkehr mit Speisepilzen und Pilzerzeugnissen bestanden bis jetzt nur die Normativbestimmungen für Pilz- und Gemüsekonserven, und zwar die Anordnung 15/39 der ehemaligen Hauptvereinigung der deutschen Gartenbauwirtschaft vom 3. 5. 1939, die neu in Kraft gesetzt wurde, durch eine Anordnung des Direktors der Verwaltung für Ernährung, Landwirtschaft und Forsten des Vereinigten Wirtschaftsgebietes vom 30. 9. 1948. In diesen Normativbestimmungen sind aber lediglich Anordnungen über Dosenpilze und zwar speziell über Steinpilze, Champignons, Pfifferlinge und Morcheln gegeben. Über alle anderen Pilzerzeugnisse wie Trockenpilze, Pilzpulver, Pilzextrakt, silierte Pilze, Essigpilze, Salzpilze ist in diesen Normativbestimmungen nichts zu finden. Um diesen ohne Zweifel bestehenden Mangel einer Verordnung über den Verkehr mit Pilzen und Pilzerzeugnissen abzuhelfen, brachte ich mit meinen Mitarbeitern im Jahre 1944 den damaligen Ernährungsbehörden den Entwurf einer Verordnung über den Verkehr mit Speisepilzen und Pilzerzeugnissen in Vorschlag. Dieser Entwurf, der durch das Ende des Krieges nicht mehr durchberaten werden konnte, ist in der Broschüre „Die Pilzverwertung und ihre Zukunftsaufgaben" von Bötticher, Pannwitz und Nier niedergelegt worden.

Inzwischen hat die deutsche Zentralverwaltung für das Gesundheitswesen in der sowjetischen Besatzungszone für die unter russischer Verwaltung stehenden Gebiete unter dem 2. 7. 1948 Richtlinien über den Verkehr und die Verarbeitung von Pilzen erlassen, die den obenerwähnten Entwurf zur Grundlage haben. Am Schluß dieses Kapitels werde ich die neuen Normen für Pilzkonserven bringen, die ich auf Wunsch des Landesvereins Bayrischer Konservenfabrikanten (der als Vorort eines gewählten Qualitätsausschusses der Konservenindustrie der Westzonen mit der Federführung für die Qualitätsforderung und Überwachung von Pilzerzeugnissen, Beeren und Wildfrüchten jeder Art betraut wurde), auf Grund meiner langjährigen Erfahrungen in der Pilzverwertung ausgearbeitet habe.

Welche Anforderungen sind nun an Frischpilze und Pilzerzeugnisse zu stellen?

Frischpilze (Marktpilze), die nach Zubereitung zum menschlichen Genuß geeignet sind, dürfen nur nach Sorten getrennt (sortenrein) feilgehalten werden. Der Verkauf von Pilzstielen allein ist nicht zulässig. Marktpilze, die infolge ihrer Zerbrechlichkeit oder aus anderen Ursachen unansehnlich geworden sind, dürfen im Einzelhandel nicht verkauft werden. Bei Marktpilzen, die in rohem Zustand nicht genießbar sind, wie z. B. Hallimasch, Krempling, ebenso bei Pilzen, die nur in geringen Mengen als Gewürzzusatz verwendbar sind, wie z. B. Bruchreizker (Maggipilz), ist ein entsprechender Hinweis anzubringen. Zur Verhütung von Gesundheitsschädigungen durch den Genuß von frischen Frühjahrslorcheln (Stockmorcheln) ist in allen Geschäften und Markthallen oder Marktständen (auch auf Wochenmärkten) an den Verkaufsstapeln (auch in Schaufenstern und sonstigen Auslagen) in jedem Falle folgende Warnung deutlich und sichtbar anzubringen:

Lorcheln (Stockmorcheln)
mindestens zweimal mit siedendem Wasser
5 Minuten lang abbrühen!
Gesamtes Brühwasser ist wegzuschütten!

Diese Warnung ist auf festem Karton von der Größe 20×10 cm mit Tinte oder in Druckschrift herzustellen. Sie ist notwendig, da in den Lorcheln die giftige Helvellasäure vorhanden ist, die durch Abbrühen unschädlich gemacht wird.

Wie kann sich nun die speziell pilzverarbeitende Industrie vor Anlieferung minderwertiger Frischpilze und evtl. Giftpilze schützen? Zweckmäßig wird sich jeder Betrieb in der Hauptsaison einen Pilzberater anstellen, der jede Anlieferung neuer Frischpilze überprüft. Eine Vorsortierung der Pilze hat bereits in der Sammelstelle stattzufinden, die zweckmäßig von einem Pilzkundigen geleitet wird. Im Pilzverarbeitungsbetrieb selbst dürfen nur einwandfreie, frische und madenfreie Pilze zur Weiterverarbeitung genommen werden. Steht kein Pilzberater zur Verfügung und sind dem Betriebsinhaber unbekannte Pilze eingeliefert worden, so sind diese auszusortieren und einer Pilzberatungsstelle vorzulegen, die in jeder größeren Stadt vorhanden ist. Die Untersuchungsmuster können für einige Tage haltbar gemacht werden, indem man sie in Alkohol einlegt. Giftpilze oder giftverdächtige Pilze dürfen in keiner Form dem menschlichen Genuß zugeführt werden. Zum Glück ist die Zahl der Giftpilze im Vergleich zu den anderen Pilzarten sehr gering. Zweckmäßig hängt man in jeden pilzverarbeitenden Betrieb und in allen Sammelstellen Tafeln mit den bekanntesten Giftpilzen oder giftverdächtigen Pilzen auf. Folgende giftige und bittere Pilzarten dürfen nicht gesammelt werden:

Grüner Knollenblätterpilz, *Amanita phalloides* (tödlich giftig)
Gelber Knollenblätterpilz, *Amanita mappa* (schwach giftig)
Weißer Knollenblätterpilz, *Amanita virosa* (tödlich giftig)
Fliegenpilz, *Amanita muscaria* (giftig)
Brauner Königsfliegenpilz, *Amanita umbrina* (*giftig*)
Pantherpilz, *Amanita pantherina* (giftig)
Speitäubling, *Russula sardonia* (giftig, abgekocht eßbar)
Büschliger Schwefelkopf, *Hypholoma fasciculare* (schwach giftig)
Riesenrötling, *Entoloma lividum* (giftig)
Tigerritterling, *Tricholoma tigrinum* (giftig)
Ziegelroter Rißpilz, *Inocybe patouillardi* (sehr giftig)

Satanspilz, *Boletus satanas* (giftig)
Dickfußröhrling, *Boletus pachypus* (ungenießbar, bitter)
Gallenröhrling, *Boletus felleus* (ungenießbar, bitter)
Kartoffelbovist, *Scleroderma vulgare* (giftig).

Der Versuch, Giftpilze durch ein besonderes Verfahren zu entgiften, ist sicherlich interessant, spielt aber für die gewerbliche Verarbeitung mengenmäßig keine Rolle.

Bei der Untersuchung und Beurteilung von *Dosenpilzen* sind folgende wichtige Punkte zu beachten: Bereits im Aussehen der Dose können wichtige Unterscheidungsmerkmale festgestellt werden. Sind unterer und oberer Deckel der Dose stark gewölbt, so bezeichnet man dies als Bombage. Es wird unterschieden zwischen biologischer und chemischer Bombage. Beim Öffnen der bombierten Dosen kann man bereits an dem Geruch der ausströmenden Gase feststellen, ob eine Zersetzung der Pilze durch Bakterien eingetreten ist, oder ob durch schlechte Vernierung der Dosen ein Angriff auf das Eisen der Dose stattgefunden hat.

Bei der Zersetzung der Pilze wird bei der biologischen Bombage durch Zersetzung des Eiweißes Schwefelwasserstoff gebildet, das sich durch seinen üblen Geruch auszeichnet. Die Pilze werden in diesem Falle auch vollkommen zerfallen sein. Der Genuß einer solchen Ware verbietet sich von selbst. Die chemische Bombage wird in den meisten Fällen bei Schwarzblechdosen auftreten. Der Innenlackanstrich der Schwarzblechdosen ist in den letzten Jahren immer besser geworden und die pH-Werte der Dosenpilze liegen verhältnismäßig günstig und zwar zwischen 5,3 und 6,7. Der Säuregehalt ist demnach gering, so daß ein Angriff auf das Eisen, wenn überhaupt, nur sehr langsam vor sich gehen wird.

Bei einer chemischen Untersuchung des Inhaltes einer Dose Konservenpilze müßte folgendes beachtet werden: Zunächst Feststellung, ob Bombage vorhanden ist, wenn ja, welche; dann wäre das Aussehen des Inhaltes festzustellen. In Schwarzblechdosen eingelegte Pilze verfärben sich meistens, doch ist diese Verfärbung kein Grund zu einer Beanstandung. Werden Maden in einer Dose festgestellt, so ist in jedem Falle zu versuchen, noch einmal von der selben Partie eine Probe zu entnehmen. Erst wenn in dieser Probe ebenfalls Maden festgestellt werden, ist zu einer Beanstandung zu schreiten. Weiter ist dann der Inhalt auch auf Waldbodenbestandteile (Nadeln, Moos, Sand usw.) zu prüfen. Sind größere Mengen davon vorhanden, so handelt es sich um schlecht gereinigte Pilze. Diese Ware muß beanstandet werden. Es müßte ferner der pH-Wert festgestellt werden. Dieser liegt, wie oben bereits erwähnt, bei normaler Dosenware zwischen 5,3 und 6,7. Ist bereits eine Zersetzung des Doseninhaltes im Gange, so wird der pH-Wert höher als 7 liegen, also alkalisch sein. Schließlich wäre qualitativ auf Gegenwart von Eisen zu prüfen. Sollte eine sehr starke Reaktion eintreten, so wäre auch der quantitative Eisengehalt zu bestimmen. Bei meinen zahlreichen Untersuchungen, die ich mit Schwarzblechdosen durchführte, stellte ich in schwach bombierten Dosen Eisengehalte bis zu 67 mg in 100 g Saft fest, in stark bombierten Dosen wurden Werte bis zu 174 mg Eisen bezogen auf 100 g Pilz-

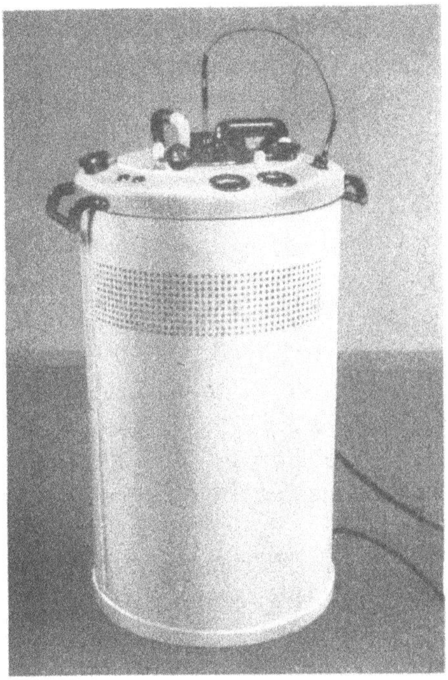

Abb. 12. Blitztrockner (Hochfrequenztrockner) für Laboratoriumszwecke (Maschinenfabrik Imperial, München).

saft festgestellt. Die Pilze weisen bei solch hohen Eisengehalten einen metallischen Nachgeschmack auf, sind aber noch nicht gesundheitsschädlich. An weiteren Konstanten würde schließlich noch der Geruch und Geschmack der Ware und das Gewicht des Inhaltes festgestellt werden.

Bei der Untersuchung und Beurteilung von *Trockenpilzen* wird man zunächst das Aussehen der Pilze prüfen, insbesondere, ob starke Vermadungen vorhanden sind. Derartige Ware wird man beanstanden müssen. Weiter wäre der Wassergehalt festzustellen. Bei meinen zahlreichen Untersuchungen, die ich bei vielen Proben Trockenpilzen durchführte, stellte ich im allgemeinen einen Wassergehalt von 0,5 bis 6% fest. Überschreitet der Wassergehalt in Trockenpilzen 12%, so sind sie stark anfällig gegen Schimmelpilze und sonstige Schädlinge. Eine sachgemäß in der Fabrik getrocknete Ware, die sofort luftdicht und wasserundurchlässig verpackt wird, sollte nicht mehr als 6% Wasser aufweisen.

Um die anwesenden Verunreinigungen in den Trockenpilzen zu bestimmen, wäre eine Feststellung des Sandgehaltes zu empfehlen. Im allgemeinen liegt der Sandgehalt zwischen 0,2 und 6% in der lufttrockenen Ware. Wie die Werte zeigen, ist Sand in recht wechselnden Mengen in den Pilzen vorhanden, Grünlinge wiesen sogar einen Sandgehalt bis zu 12% auf.

Ferner ist zu empfehlen, die Trockenpilze auch auf ihre Quellfähigkeit zu prüfen, und in jedem Falle aus ihnen ein Pilzgericht zu bereiten, um feststellen zu können, ob getrockneten Edelpilzen (wie Steinpilze, Champignons) scharf und bitter schmeckende Pilzarten (wie z. B. Täublingsarten, Pfeffermilchlinge usw.) beigemischt sind.

Die Untersuchung und Beurteilung von *Pilzpulver* wird ähnlich durchzuführen sein wie bei Trockenpilzen, doch ist hier ganz besonders auch auf die einwandfreie Lagerung Wert zu legen. Am besten wird Pilzpulver aufbewahrt in verschließbaren Gefäßen wie Blechdosen mit Deckel oder dgl. Ferner ist bei Pilzpulver zu unterscheiden zwischen solchem, das durch Vermahlung von hochwertigen Trockenpilzen und solchem, das aus Preßrückständen hergestellt wurde. Die Kennzeichnung ist in diesem Falle unbedingt genau durchzuführen, da Pilzpulver aus Preßrückständen meist nur wenig Aroma besitzt. Im allgemeinen wird es zweckmäßig sein, die letztere Ware direkt in die Nährmittelfabriken gelangen zu lassen und nicht erst in den Einzelhandel zu bringen.

Bei der Untersuchung und Beurteilung von *Pilzextrakt* wäre bei der Geruchs- und Geschmacksprüfung festzustellen, ob der Extrakt ein ausgeprägtes Pilzaroma aufweist. Die Bestimmung des spezifischen Gewichtes ist in jedem Falle durchzuführen. Es liegt zwischen 1,15 und 1,2, was einem Gehalt von etwa 30% organischer Pilztrockensubstanz entspricht. Bei der Bestimmung der Trockensubstanz von verschiedenen Pilzextrakten stellte ich Werte zwischen 24 und 45% fest. Es ist also durchaus berechtigt, wenn man den Mindestgehalt an Trockensubstanz bei Pilzextrakt auf 30% legt. Weiter wäre noch der Kochsalzgehalt zu bestimmen, er darf höchstens 5% betragen. Da Pilzextrakt verhältnismäßig wenig haltbar ist, ist eine chemische Konservierung nicht zu umgehen; dies ist deutlich zu kennzeichnen.

Bei Untersuchung und Beurteilung von *Salzpilzen, silierten Pilzen und Essigpilzen* wird es hauptsächlich darauf ankommen, die einwandfreie Beschaffenheit der Ware zu prüfen. Der Milchsäuregehalt der silierten Pilze schwankt zwischen 0,5 und 1,2%, der pH-Wert liegt zwischen 3 und 4. Bei Salzpilzen wäre darauf zu achten, daß der Kochsalzgehalt nicht zu übermäßig hoch ist. Nach meinen Erfahrungen genügt ein Kochsalzgehalt von 5—8% durchaus, um die Ware eine längere Zeit haltbar zu machen. Bei allen drei Konservierungsarten ist darauf zu sehen, daß die fertigen Produkte ansehnlich sind und die Konsistenz derselben fest und nicht etwa schlierig und weich ist.

Sollten *pastenförmige Pilzerzeugnisse* wie Pilzkräuterpaste, Pilzgemüsepaste, Pilzsoßenwürze und eventuell Pilzmark im Handel anzutreffen sein, so ist bei der Beurteilung dieser Pilzerzeugnisse besonders ihr Geruch und ihr Geschmack maßgebend. Nur wenn bei ihnen der Pilzgeruch und -geschmack klar und deutlich hervortritt, darf in ihrer Bezeichnung das Wort Pilz Verwendung finden.

Auch bei den in den letzten Jahren hergestellten und im Handel angetroffenen *Pilztabletten* wäre in erster Linie zu fordern, daß aus ihnen hergestellte Gerichte einen deutlich wahrnehmbaren Pilzgeruch und Pilzgeschmack aufweisen.

Zum Abschluß dieses Kapitels bringe ich die bereits erwähnten neuen Normen für Pilzkonserven, die ich auf Wunsch des Landesvereins Bayrischer Konservenfabrikanten ausgearbeitet habe. Die neuen Normen sind bereits vom Qualitätsausschuß der Konservenindustrie in Braunschweig genehmigt worden und gelten zunächst für das Jahr 1950 als Fabrikationsanweisung für alle pilzverarbeitenden Betriebe des Bundesgebietes. Es ist geplant, wenn sich diese Normen für die Saison 1950 bewähren, diese später in Form der vom Bundesernährungsministerium herauszugebenden Normativbestimmungen mit einzubauen.

Die neuen Normen für Pilzkonserven haben folgenden Wortlaut:

Normativbestimmungen für Pilzkonserven

A. KONSERVENPILZE (Dosenpilze)

a) Herstellungsvorschriften

1. Für Konservenpilze (Dosenpilze) — durch Erhitzen haltbar gemacht — dürfen nur frische, saubere, gesunde und praktisch madenfreie Pilze verwendet werden, denen keine wertbestimmenden Bestandteile über das technisch unvermeidbare Maß hinaus entzogen sind.
2. Konservenpilze müssen den Begriffsbestimmungen des Verzeichnisses der normierten Pilzkonserven (Verzeichnis I) entsprechen.
3. Bei der Herstellung von Konservenpilzen dürfen vorbehaltlich Ziffer 4 Konservierungsmittel, chemische Bleichmittel oder sonstige Chemikalien nicht verwendet werden, ausgenommen bei Champignonkonserven.

4. Die Zusätze zu Konservenpilzen müssen ausschließlich auf Speisesalz, Zitronensäure, Weinsäure, Milchsäure, Essig, Zucker und auf die im Haushalt gebräuchlichen Gewürze beschränkt bleiben, soweit ein Zusatz dieser Stoffe üblich ist. Für die Aufgußflüssigkeit muß hygienisch einwandfreies Wasser verwendet werden.

b) Verpackungsvorschriften

Für Konservenpilze sind als Blechpackungen die im DIN-Blatt 2011 aufgeführten Dosen zugelassen. Die Dosen müssen handelsüblich gefüllt sein und dürfen nicht mehr Flüssigkeit enthalten, als technisch unvermeidbar ist. Außer vorstehenden Packungen können zur Herstellung von Pilzkonserven die handelsüblichen und normierten Konservengläser verwendet werden. Die Mindesteinfüllgewichte liegen auf gleicher Höhe wie bei den Blechpackungen.

Die Mindesteinfüllgewichte für Pilzkonserven, ausgenommen die für Zuchtchampignon, betragen 600 g netto blanchierte Ware für die $^1/_1$DIN-Dose. Für kleinere oder größere DIN-Dosen gilt der entsprechende Anteil.

In Angleichung an die Füllgewichte ausländischer Champignonkonserven werden für diese Pilzart folgende Mindesteinfüllgewichte festgelegt:

Für	die	$^1/_1$	DIN-Dose	=	520 g
,,	,,	$^1/_2$	,, ,,	=	250 ,,
,,	,,	$^1/_4$	,, ,,	=	120 ,,
,,	,,	$^1/_8$	,, ,,	=	60 ,,

c) Kennzeichnungsvorschriften

1. a) Als Kennzeichnung der einzelnen Konservensorten müssen die im Verzeichnis I durch Schrägdruck hervorgehobenen Bezeichnungen wortgetreu Verwendung finden. Die einzelnen Worte der Sortenbezeichnung müssen unter sich in gleicher Schriftgröße und in unmittelbarem Zusammenhang miteinander wiedergegeben werden. Soweit durch die Gestaltung des Etikettes bedingt, können die Sortenbezeichnungen nicht bestimmende Beiworte (z. B. „junge", „feine") auch in etwas kleinerer Schriftgröße aufgeführt werden.

   b) Weiterhin ist die Angabe des Namens sowie des Ortes der Niederlassung des Herstellers bzw. der Firma oder des Verteilers erforderlich. Wird in der Kennzeichnung der Hersteller nicht genannt, so muß dieser die Dose oder das Dosenschild mit seiner Kenn-Nummer versehen. Die Kenn-Nummer wird jedem Herstellerbetrieb zugeteilt.

c) Für die im Abschnitt b (Verpackungsvorschriften) zugelassenen Dosen gelten nachstehende Bezeichnungen als handelsüblich:

	Handelsübliche Bezeichnung
Nr. 1	$^1/_4$ (DIN-)Dose
Nr. 2	$^1/_8$,, ,,
Nr. 3, 4, 9	$^1/_2$,, ,,
Nr. 5 und 10	$^1/_1$,, ,,
Nr. 6	$1^1/_2$,, ,,
Nr. 7	$^2/_1$,, ,,
Nr. 8	$^5/_1$,, ,,

2. Hinweise auf Qualität sowie Herkunftsbezeichnungen müssen den Tatsachen entsprechen; ein Nachweis hierfür muß einwandfrei erbracht werden können. Die erforderliche Sortenbezeichnung (Ziffer 1 der Kennzeichnungsvorschriften) darf jedoch gegenüber derartigen Hinweisen nicht zurücktreten. Als „Edelpilze" können nur Champignons, Pfifferlinge, Steinpilze und Trüffeln bezeichnet werden.

3. Sämtliche Angaben müssen in deutscher Sprache und leicht lesbarer Schrift auf den Packungen an einer in die Augen fallenden Stelle angegeben sein.

4. Bei der Verwendung von Bildetiketten für Konservenpilze sind folgende Vorschriften zu beachten:

   a) Bei Konservenpilzen, die nur aus einer Rohware hergestellt werden, darf auf dem Etikett nur die Pilzsorte abgebildet sein, die zur Herstellung der Konserve verwendet wurde. Die Verwendung von sogenannten Sammeletiketten ist bei Konservenpilzen, die nur aus einer Pilzsorte hergestellt werden, unzulässig.

   b) Bei Pilzkonservenmischungen darf auf den Etiketten als Inhaltsangabe nur die Bezeichnung „Mischpilze" stehen. Auf etwa angewandten Bildetiketten sind Pilzabbildungen unzulässig.

Verzeichnis der normierten Konservenpilze

1. Champignons, *Psalliota*, gezüchtet

   Champignons erste Wahl (I. Wahl): sind geschlossene, unbeschädigte Champignons mit nicht über 10 mm langen Stielen; Kopfdurchmesser nicht über 25 mm.

   Champignons zweite Wahl (II. Wahl): sind leicht geöffnete Champignons mit Stielen und losen Köpfen.

Champignons dritte Wahl (III. Wahl): sind offene Champignons, Stücke und Stiele von Champignons. Champignons können gebleicht werden.

Wiesenchampignons, *Psalliota arvensis*, sind als solche zu kennzeichnen. Im übrigen gelten für sie die gleichen Vorschriften wie für gezüchtete Champignons.

2. Pfifferlinge, *Cantharellus cibarius*

   Je nach der Sortierung ist zu unterscheiden zwischen

   Pfifferlinge, ausgesucht kleine: sind ausgesuchte kleine, handverlesene, gesunde, geputzte, ganze Pfifferlinge durchschnittlich bis zu 15 mm Kopfdurchmesser.

   Pfifferlinge mittel: sind handverlesene, gesunde, geputzte, ganze Pfifferlinge bis zu 30 mm Kopfdurchmesser.

   Pfifferlinge: sind gesunde, geputzte Pfifferlinge ganz oder geschnitten.

3. Steinpilze, *Boletus edulis*

   Je nach der Verarbeitung ist zu unterscheiden zwischen

   Steinpilze, Köpfe: sind ganze Steinpilze jüngsten Entwicklungszustandes oder deren Köpfe. Es werden zwei Sorten je nach der Größe unterschieden; kleine mit Kopfdurchmesser bis 40 mm, mittlere bis 60 mm. Entwickelte Röhrenteile (sogenannte Lamellen) dürfen nicht vorkommen.

   Steinpilze, weiß geschält: sind in Stücke oder Scheiben geschnittene, gesunde, saubere, geschälte Steinpilze, praktisch frei von Röhrenteilen (sogenannten Lamellen).

   Steinpilze: sind saubere, gesunde, geputzte, in Stücke oder Scheiben geschnittene, ungeschälte Steinpilze ohne dunkelgrüne Röhrenteile (sogenannte Lamellen).

4. Trüffeln, *Tuber aestivum, Tuber brumale*

   Trüffeln: sind gesunde, saubere, geputzte, in Stücke oder Scheiben geschnittene Trüffeln, praktisch sandfrei.

5. Lorcheln, *Gyromitra esculenta*

   Feine Lorcheln (im Volksmund Morcheln genannt): sind frische, vom Fuß befreite, gesunde, ganze Lorcheln, praktisch sandfrei. Die frischen Lorcheln sind vor der Konservierung fünf Minuten abzukochen bzw. zu blanchieren. Koch- bzw. Blanchierwasser darf nicht mehr weiter verwendet werden.

Folgende weiteren Pilzarten können zur Herstellung von Konservenpilzen Verwendung finden:

Goldröhrlinge, *Boletus elegans*
Junge Birkenpilze, *Boletus scaber*

Rotkappe, Rothautröhrling, *Boletus rufus*
Maronenröhrlinge, *Boletus badius*
Reifpilze (Zigeuner, Runzelschüpplinge), *Rozites caperata*
Junge Schafporlinge (Schafeuter), *Polyporus ovinus*
Grünlinge, *Tricholoma equestre*
Butterpilze, *Boletus luteus*
Hallimasche (Hüte), *Armillaria mellea*
Graue Ritterlinge (Schneepilze), *Tricholoma portentosum*
Junge Sandröhrlinge, *Boletus variegatus*
Perlpilze, *Amanita rubescens*
Riesen-Schirmpilze (Hüte), *Lepiota procera*
Zur Herstellung dieser Pilzkonserven müssen gesunde, saubere, geputzte, in Stücken oder Scheiben geschnittene Pilze Verwendung finden.

Mischpilze

Hierfür sind alle obengenannten Speisepilze zu verwenden. Die Zubereitungsart muß genau so sein wie bei den oben aufgeführten Pilzarten.

Sämtliche Konservenpilze müssen praktisch sandfrei sein. Der Sandgehalt darf nicht über 0,5% liegen, berechnet auf die Pilzeinwaage. Wenn Pilze als Konservenpilze hergestellt werden sollen, die im Verzeichnis der normierten Dosenpilze nicht namentlich genannt sind, so muß zur Genehmigung der Verwendung ein besonderer Antrag beim Qualitätsausschuß gestellt werden, der dann nach fachlicher Überprüfung mit Zustimmung oder Ablehnung entscheidet.

Trockenpilze

Trockenpilze dürfen nur aus aromatischen, genießbaren Frischpilzen hergestellt und im allgemeinen nur sortenrein in den Verkehr gebracht werden. Als getrocknete Edelpilze können nur Champignons, Pfifferlinge, Steinpilze und Trüffeln bezeichnet werden. Trockenpilze müssen nach dem Wiederaufquellen ein weichfleischiges, nicht schleimiges Gericht ergeben. Der Wassergehalt beträgt nicht mehr als 6%. Bei Ware, die längere Zeit im Handel ist, wird ein Wassergehalt bis zu 9% noch nicht beanstandet.

Der Sandgehalt darf im allgemeinen 2% in der lufttrockenen Ware nicht überschreiten. Bei Pilzen, die vorzugsweise auf Sandböden wachsen, z. B. Grünlinge, Lorcheln, wird ein Sandgehalt in der lufttrockenen Ware bis 4% noch nicht beanstandet.

Zur Herstellung von Trockenpilzen für den Einzelhandel können sortenrein auf jeden Fall folgende Pilzarten verwendet werden:

Steinpilze, *Boletus edulis* und *regius*
Rotkappe, *Boletus rufus*
Birkenpilz, *Boletus scaber*
Maronenröhrling, *Boletus badius*
Sandpilz, *Boletus variegatus*
Ziegenlippe, *Boletus subtomentosus*
Butterpilz, *Boletus luteus*
Goldröhrling, *Boletus elegans*
Kuhpilz, *Boletus bovinus*
Schafporling, *Polyporus ovinus*
Krause Glucke, *Sparassis crispa*
Morcheln und Lorcheln, *Morchella-* und *Hellvella-Arten*
Trüffeln, *Tuber-* und *Choriomyces-Arten*
Pfifferling, *Cantarellus cibarius*
Grünling, *Tricholoma equestre*
Champignon, *Psallioto arvensis, campestris* und *silvatica*
Hallimasch, *Armillaria mellea*
Stockschwämmchen, *Pholiota mutabilis*

Werden Trockenmischpilze (getrocknete Mischpilze) hergestellt, so müssen sie den Anforderungen in bezug auf Quellfähigkeit, Wasser- und Sandgehalt wie bei sortenreinen Trockenpilzen entsprechen. Zur Herstellung von getrockneten Mischpilzen können die im obigen Verzeichnis genannten Pilzarten Verwendung finden.

Pilzpulver ist das aus getrockneten aromareichen Pilzarten durch Mahlen hergestellte Erzeugnis.

Pilzpulver soll im allgemeinen nur sortenrein hergestellt werden. Sortenreines Pilzpulver ist das durch Vermahlen von sortenreinen, getrockneten aromareichen Pilzarten hergestellte Erzeugnis, das ein ausgesprochenes Pilzaroma aufweisen muß. Die Bezeichnung muß der Pilzsorte entsprechen, aus der es hergestellt worden ist. Auf den Umhüllungen muß der Hersteller und das Erntejahr des Pilzes angegeben sein. Sie dürfen nur in verkaufsfertigen Packungen von 10 g aufwärts abgegeben werden. Der Wassergehalt im Pilzpulver beträgt nicht mehr als 6%. Bei Ware, die längere Zeit im Handel ist, wird ein Wassergehalt bis zu 9% noch nicht beanstandet.

Der Sandgehalt darf im allgemeinen 2% in der lufttrockenen Ware nicht überschreiten. Bei Pilzen, die vorzugsweise auf Sandböden wachsen, z. B. Grünlinge, Lorcheln, wird ein Sandgehalt in der lufttrockenen Ware bis 4% noch nicht beanstandet.

Die Herstellung von getrockneten Mischpilzen und Pilzpulver ist von einer Genehmigung gemäß § 2 Abs. 2 der Anordnung über Maßnahmen der Bewirtschaftung und Marktregelung von verarbeiteten Gartenbauerzeugnissen, Essig, Speisesenf, Essenzen, Aromen und Gewürzen vom 30. September 1948 (Amtsbl. VELF. S. 221) abhängig.

Bei der Entscheidung von Anträgen beabsichtigt die Verwaltung für Ernährung, Landwirtschaft und Forsten im Auftrage des Bundesministers für Ernährung, Landwirtschaft und Forsten, ein Gutachten der Zentralstelle für Pilzforschung und Pilzverwertung an der Deutschen Forschungsanstalt für Lebensmittelchemie, München, zugrunde zu legen Sollten aus Pilzpulver andere Produkte, wie Pilztabletten usw. hergestellt werden, so ist die Herstellung derselben ebenfalls genehmigungspflichtig.

Pilzextrakt

Pilzextrakt ist eingedickter Pilzpreßsaft aus genießbaren Pilzen. Er muß ein ausgeprägtes Pilzaroma aufweisen und darf nicht fremdartig riechen oder schmecken. Das spezifische Gewicht muß 1,15 bis 1,2 betragen, was einem Gehalt von etwa 30% organischer Pilztrockensubstanz entspricht. Der Kochsalzgehalt darf höchstens 5% betragen. Eine chemische Konservierung ist durch die Bezeichnung „chemisch konserviert" kenntlich zu machen. Die Prüfung der Pilzextrakte geschieht durch eine Geschmacksprobe. Diese soll warm in einer wässerigen, etwa 1% Kochsalz enthaltenden Lösung erfolgen. Flüssige Pilzextrakte müssen bei 30facher Verdünnung noch einen deutlichen Pilzgeschmack ergeben.

Pilzextrakt aus einzelnen Pilzsorten kann als solcher bezeichnet werden, z. B. Pilzextrakt aus Grünlingen.

Pilzmark

Unter Pilzmark versteht man fein zerkleinerte oder durch den Wolf gedrehte, genießbare Pilze.

Pilzmark muß ein ausgeprägtes Pilzaroma aufweisen. An Pilzarten können die unter „Trockenpilze" aufgezählten Pilze Verwendung finden. Pilzmark muß sortenrein hergestellt werden mit der genauen Bezeichnung der verwendeten Pilzart, z. B. aus Grünlingen. Der Gehalt an Pilztrockensubstanz muß mindestens 10% betragen. Der Kochsalzgehalt soll 5% nicht überschreiten. Eine chemische Konservierung ist durch die Bezeichnung „chemisch konserviert" kenntlich zu machen. Irgendwelche weiteren fremden Zusätze zu Pilzmark, wie Hefehydrolysate usw., sind nicht zulässig.

Die Herstellung von Pilzmark unterliegt ebenso wie die getrockneten Mischpilze und das Pilzpulver einer Genehmigungspflicht.

Essigpilze

Essigpilze sind in gewürztem Essig haltbar gemachte ganze oder geteilte Frischpilze. Zur Herstellung von Essigpilzen können die im Verzeichnis der normierten Konservenpilze genannten Pilzarten verwendet werden. Im allgemeinen sollen Essigpilze sortenrein hergestellt werden unter der Bezeichnung der verwendeten Pilzart. Die verwendeten Arten müssen auf der Packung deklariert werden.

Salzpilze

Zur Herstellung von Salzpilzen dürfen nur frische, gesunde und saubere Pilze Verwendung finden.

An Pilzarten können die im Verzeichnis der normierten Dosenpilze angegebenen Pilze Verwendung finden.

Salzpilze sollen möglichst sortenrein hergestellt werden mit der genauen Bezeichnung der verwendeten Pilzart.

Bei Herstellung von Salzmischpilzen müssen die verwendeten Sorten auf den Behältnissen genau deklariert sein.

Die Höhe des Salzzusatzes, bezogen auf 100 kg Rohware (ohne Aufguß), darf 12 kg nicht überschreiten.

Der Zusatz von chemischen Konservierungsmitteln ist durch die Bezeichnung „chemisch konserviert" kenntlich zu machen.

Pilzrezepte

In diesem Kapitel bringe ich einige erprobte und bewährte Rezepte, die teils selbst ausprobiert, teils aus bekannten Pilzbüchern wie Michael, Rothmayr, Neuhoff entnommen sind.

1. *Champignon auf Toast:* Man nehme eine emaillierte oder verzinnte Pfanne, gebe etwas Butter und fein geschnittene Zwiebel hinein, lasse diese leicht gelb werden, gebe die gewaschenen und geschnittenen Champignons sowie etwas Salz und Gewürz bei, lasse alles auf starkem Feuer etwa 5 Minuten kochen, gebe etwas Weißwein zu, nach Belieben etwas Mehl, richte das Ganze auf einer heißen Platte an, streue feingeschnittenen Schnittlauch darüber und beträufle noch mit Zitronensaft. Die so vorbereiteten Champignons werden in eine Buttersoße gegeben und warm gestellt. Man mache einige geröstete Brotschnitten, lege dieselben auf eine feuerfeste mit Butter ausgestrichene Platte, leere die Champignons darüber und lasse sie im heißen Ofen oder gut zugedeckt auf mittlerem Feuer noch einige Minuten kochen, zuletzt noch einmal mit feingehackten Kräutern bestreuen.

2. *Suppe von getrockneten Pilzen:* Eine Tasse voll getrockneter Pilze weicht man am Abend vorher in Wasser ein und wiegt sie dann fein. Hierauf werden sie in dem Einweichwasser mit Fett und Salz eine Stunde lang gedünstet. Nun gibt man das benötigte Wasser oder auch Brühe dazu, dickt die Suppe ein und würzt mit Petersilie. Man kann auch in Fett geröstete Semmelstückchen hineingeben. Diese Suppe kann ebensogut aus Pilzmehl bereitet werden.

3. *Grünlingssuppe:* Eine der besten Pilzsuppen erhält man aus Grünlingen. Die Grünlinge werden, nachdem die Oberhaut entfernt worden ist, mehrere Male in lauwarmem Wasser gewaschen, zerkleinert und in Wasser weichgekocht. Dann dickt man die Suppe mit einer Mehlschwitze an und schmeckt mit Salz und Pfeffer ab.

4. *Pilzsuppen mit Gemüse:* Pilze von verschiedener Art werden klein geschnitten. Dann fügt man kleingeschnittenes Gemüse und Kräuter, wie Zwiebeln, Schnittlauch, Sellerie, Petersilie, Majoran, Basilikum, Kerbel und Dill, Kohl, Blumenkohl, Kohlrabi, Bohnen, Erbsen und Tomaten, sowie Kartoffeln hinzu. Alles wird in Fett gedünstet, mit Wasser abgelöscht und gut eine Stunde gekocht. Es müssen reichlich Pilze genommen werden.

5. *Fische in Pilztunke:* 1 kg Steinpilze wird kurz in Fett gedämpft, mit Pfeffer und Salz gewürzt und unter allmählicher Zugabe von dicker saurer Sahne mit den Fischen gargeschmort.

6. *Pilzsoßen:* a) Man dünstet gehackte Zwiebeln in etwas Fett oder Speckwürfeln, fügt die feingeschnittenen Pilze hinzu, füllt mit Fleischbrühe auf und kocht die Pilze weich. Man bindet mit Mehl und würzt nach Belieben mit Salz, Pfeffer, Kräutern, Meerrettich und kocht einige Tomatenscheiben mit.

b) Zur Verbesserung von Fleischsoßen fügt man frische Pilze oder Pilzextrakt während des Schmorens oder Bratens hinzu. Für Hammel- und Schweinebratensoßen sind Knoblauchpilze (Mousserons) zu empfehlen. Pilzextrakt wird mit etwas heißem Wasser verrührt erst zum Schluß beigefügt.

7. *Pilze sauer in brauner Soße:* Ein Kilo zerkleinerte Pilze werden etwa eine Stunde in gesalzenes Essigwasser eingelegt. Gehackte Zwiebeln und etwa 30 g Mehl rösten, Gemüsebrühe oder Wasser zugeben und mit den gesäuerten Pilzen eine Viertelstunde kochen lassen, Würzen. Besonders gut für Pilze mit herbem oder bitterem Geschmack (z. B. Habichtspilz und Semmelstoppelpilz).

8. *Gemischtes Gemüse mit Pilzen:* Blumenkohl, Mohrrüben und junge grüne Erbsen werden mit wenig Wasser, Salz und etwas Fett weich-

gekocht; gleichzeitig werden Pilze, welche gerade die Jahreszeit bietet, z. B. Pfifferlinge, Steinpilze, Maronenröhrlinge, Ziegenlippen, Butterpilze, mit etwas Fett im eigenen Saft 15—20 Minuten gedämpft und dann mit dem fertigen Gemüse vermengt. Danach wird das Gericht mit einer Mehlschwitze sämig gemacht und zuletzt Petersilie darangegeben.

9. *Pilze als Füllung:* Gemischte Pilze werden gehackt mit feingeschnittener Zwiebel, Knoblauch, Petersilie, Zitronensaft oder etwas Weißwein vermischt und gequirlt, auch unter Zugabe von gehackten Fleischresten nach Belieben in ausgehöhlte Tomaten, Sellerie, Gurken, Zwiebeln, große Paprikafrüchte, Kohlrollen und fertig zubereitete Eierkuchen gefüllt.

10. *Pilzschnitzel:* Hierzu eignen sich besonders Steinpilze, Reizker, Schirmpilze, Kremplinge, Champignons und Pfifferlinge. Etwa eine Stunde vor dem Braten werden die gesäuberten, aber nicht gewaschenen Pilzhüte gesalzen. Bevor man sie in die Pfanne bringt, werden sie in Ei und geriebener Semmel gewälzt oder mit Mehl bestäubt und dann in Fett gut durchgebraten.

11. *Reizker gebraten:* Die Reizker werden vorsichtig gewaschen, so daß der Milchsaft möglichst geschont wird. Dann zerschneidet man die Pilze in größere Stücke, bestreut sie mit Pfeffer und Salz, wendet sie in Mehl und brät sie nur kurze Zeit, da sie sonst fest und unverdaulich werden. Ihr Geschmack ist vorzüglich.

12. *Kremplinge gebraten:* Kremplinge sollen nie geschmort werden. Scharf gebraten haben sie einen besonderen Wohlgeschmack und schmecken ähnlich gebratener Leber, nur mit säuerlichem Beigeschmack. Die Kremplinge werden nicht gewaschen, nur mit dem Messer gesäubert, die Stiele abgeschnitten und Hüte und Stiele in Mehl gewälzt und mit Salz bestreut. Darauf brät man die Pilze in heißem Fett.

13. *Brätlinge gebraten:* Die ganzen gereinigten und gutgewaschenen Brätlinge werden mit einem Tuch gut abgetrocknet, auf ein Blech gelegt (mit dem Stiel nach oben). In die Hutunterseite reichlich Butter oder Speckschnitten gegeben und gut gesalzen und vielleicht 10 Minuten gebraten. Will man in einer Pfanne braten, so darf sie nicht zugedeckt werden.

14. *Bratlinge aus Schafporlingen:* Schafporlinge werden gereinigt und zerkleinert, dann mit Salz und Gewürzen zubereitet. Die gewürzten Schafporlinge werden mit viel eingeweichtem Brot (auch Schwarzbrot), feingeschnittener Zwiebel, Ei oder Milei vermengt, Bratlinge daraus geformt und in Fett gebraten.

15. *Pilzbratlinge oder Klopse:* Je nach den zur Verfügung stehenden Zutaten können die Pilzbratlinge mit oder ohne Fleisch sehr verschieden hergestellt werden. Auf ein Kilo geschnittene Pilze, die fein gewiegt oder

durch die Fleischhackmaschine gedreht werden, nimmt man ein viertel Kilo gehacktes Fleisch, auch Fischfleisch, ein Ei, feingewiegte Zwiebel, Salz, etwas Pfeffer, zwei eingeweichte Semmeln und soviel Semmelmehl als nötig ist, um daraus Klopse formen und braten zu können.

16. *Klopse von getrockneten Pilzen:* Man nimmt getrocknete, durch rechtzeitiges Einweichen vorbereitete Pilze, dünstet sie und hackt sie dann klein. Hierauf mischt man sie mit Butter, Zwiebel, etwas aufgeweichter und ausgedrückter Semmel, Zitronensaft und zwei bis drei Teelöffel Pilzextrakt, fügt Ei zum Binden und soviel trockene, geriebene Semmel hinzu, um daraus Klopse zu formen und braten zu können. Zu diesem Gericht können sogar getrocknete Pfifferlinge verwendet werden.

17. *Hackbraten aus Pilzen:* Pilze können bei vielen Gerichten Fleisch ganz oder zum Teil ersetzen, so besonders bei Hackbraten, Bratlingen und Gulasch. Zweckmäßig ersetzt man hier das Fleisch zur Hälfte durch die doppelte Menge Pilze.

Zum Hackbraten wiegt man die Pilze oder dreht sie durch die Fleischhackmaschine, zusammen mit einer großen Zwiebel, gibt dazu gehacktes Schweine- und Rindfleisch, Semmelmehl, Salz, Majoran und Pfeffer und formt daraus einen länglichen Kloß, den man auf beiden Seiten anbräunt und nach Auffüllen von saurer Sahne, Tomatentunke oder Fleischbrühe schmort.

18. *Saure Pilzklopse nach Königsberger Art:* Gekochte Pilze werden mit einer großen Zwiebel durch die Fleischmaschine gegeben und mit einem viertel Kilo Hackfleisch vermengt unter Zugabe von Semmelmehl, zerlassener Butter, einem Ei, Salz und Pfeffer. Aus dieser Masse werden Klöße geformt und in einer Brühe, die aus Knochen und Suppengemüse hergestellt wurde, eine halbe Stunde gekocht. Darauf werden sie herausgenommen und mit einer sauren Soße übergossen gereicht. Diese Tunke stellt man her, aus der vorhandenen Brühe, zu der man ein viertel Liter saure Sahne oder Buttermilch, verrührt mit einem Eßlöffel Mehl, gibt. Man schmeckt mit Zitronensaft, etwas Zucker, Salz und Pfeffer ab, kocht auf und zieht mit einem Eigelb ab.

19. *Pilzragout aus getrockneten Pilzen:* Man verwendet hierzu am besten getrocknete Mischpilze. Man nimmt eine Obertasse getrocknete Pilze (für etwa vier Personen), weicht sie ein und kocht sie in dem Einweichwasser weich.

Unterdessen kocht man Kartoffeln in der Schale, schält sie und schneidet sie in Scheiben. Dann dickt man die Pilze mit Mehl, tut die Kartoffelscheiben hinzu, schmeckt mit Salz, Essig, etwas Zucker und gut gerösteter Zwiebel ab. Läßt gut durchziehen.

20. *Pilzknödel:* Einige große Steinpilze, etwa 3 bis 4, werden in feine Scheiben geschnitten und in Fett weichgedünstet; dazu kommen eine in Milch eingeweichte entrindete Semmel, zwei Eier, feingehackte Petersilie und so viel Semmelmehl, daß der Teig zusammenhält. Aus dieser Masse formt man kleine Klößchen und kocht sie in leicht gesalzenem Wasser weich. Die Knödel sind um so besser, je lockerer sie zubereitet werden. Man gibt sie als Beilage zu Braten oder Gemüse.

21. *Reis mit gedämpften Pfifferlingen:* Die zerschnittenen Pfifferlinge werden 5 Minuten in heißer Butter gedünstet, dann zusammen mit 500 g Reis gedämpft, mit 1½ l Fleischbrühe aufgefüllt und gekocht, bis der Reis gar ist. Darauf zieht man unter den Reis vorsichtig 50 g geriebenen Käse und 50 g Butter, füllt alles in eine gefettete Form und stürzt nach einiger Zeit. Beim Anrichten umgibt man das Gericht mit Tomaten und grünen Salatblättern.

22. *Pilze nach Jägerart:* Pilze verschiedener Art (Kilo) werden in Fett weichgedünstet. Ein Kilo gekochte, mehlige Kartoffeln werden gerieben; 4 große feinzerschnittene Zwiebeln dünstet man in Fett. Pilze, Kartoffelbrei, Zwiebeln und ein bis zwei Eier, gehackte Petersilie und Gewürz werden vermischt. Aus dieser Masse formt man Bratklopse, die man in geriebener Semmel wälzt und in Fett brät.

In das auf der Pfanne zurückbleibende Fett gibt man Mehl, schwitzt es durch, löscht mit kochendem Wasser ab, fügt etwas saure Milch hinzu und schmeckt die Tunke mit Salz ab.

23. *Pilzeintopf:* In einem großen Topf brät man 75 g gewürfelten Speck aus, dünstet darin eine große Zwiebel und schichtet in Lagen je 500 g Brechbohnen, Wirsingkohl, Pilze und Kartoffeln in den Topf. Nach dem Garwerden mischt man Gewürzkräuter darunter und gibt Butterflöckchen darauf.

24. *Saure Pilzkartoffeln:* 500 g Grünlinge (auch alle anderen eßbaren Pilzarten) werden in überstehendem Wasser gekocht; nach 15 Minuten werden 2 Kilo in Stückchen geschnittene Kartoffeln hinzugesetzt und weichgekocht. Aus 125 g gewürfeltem Speck, einer großen Zwiebel und zwei Eßlöffeln Mehl wird eine Mehlschwitze bereitet und in die Pilzkartoffeln gegeben. Zuletzt wird das Gericht mit Essig und Salz abgeschmeckt.

25. *Pilze mit Gurken:* In etwa 40 g heißem Fett geschälte, in Würfel geschnittene, gesalzene Gurken (1 Kilo) glasig dünsten, dann ein viertel Kilo Pilze zugeben, etwa 20 g Mehl mit etwas Milch (auch Buttermilch) glattrühren und die fertige Speise damit binden. Nochmals gut durchkochen und mit viel feingewiegtem Dill mischen.

26. *Graupenauflauf mit Pilzen:* 200 g Graupen werden in Salzwasser oder Brühe gargekocht. Zwiebel, Petersilie und ein halbes Kilo Pilze werden feingewiegt. In eine Auflaufform füllt man abwechselnd Pilze und Graupen ein, bestreut die Masse mit Käse oder Bröseln, belegt mit Fettflöckchen und bäckt den Auflauf eine halbe bis drei viertel Stunden. Man reicht dazu holländische oder Tomatensoße.

27. *Pilzpudding:* 500 g Pilze werden mit 250 g gehacktem Schweinefleisch und einer kleinen Zwiebel gedünstet. Darunter mischt man ein Eigelb, Salz, Paprika, einen Eßlöffel gehackte Gewürzkräuter und ein zu Schnee geschlagenes Eiweiß. Diese Masse gibt man in eine gut eingefettete Puddingform und läßt den Pudding im Wasserbade 45 Minuten stark kochen und dann noch 15 Minuten bei mäßiger Hitze. Beim Anrichten legt man an den Pudding Röstkartoffeln.

28. *Lausitzer Pilzkuchen:* 300 g Pilze, 250 g Weizenmehl, 50 g Zucker, 50 g Butter, $^1/_8$ l Milch, 20 g Hefe. Gewürze: Anis, Fenchel, Zimt.
Zubereitung: Die gereinigten Pilze werden schnell in kaltem Wasser abgespült. Danach gibt man sie kurze Zeit in kochendes Wasser, läßt sie einmal aufwellen, überspült sie mit kaltem Wasser, um sie so von allem Beigeschmack zu befreien und läßt sie abtropfen. Danach werden die Pilze ein- bis zweimal durch die Fleischhackmaschine gegeben. Die Pilze, das Mehl, die Gewürze und die vorbereitete Hefe werden gut vermengt und zu langsamen Gären zwei bis drei Stunden hingestellt. Dann wird der Teig wie jeder andere Kuchen in einer Springform abgebacken.

29. *Pilzsalate:* Die Pilze werden ganz oder wenn zu groß in Stücke geschnitten, in wenig leicht gesalzenem Wasser weichgekocht. Dann gibt man Essig, Öl oder Mayonnaise, Gewürze (Estragon, Majoran, Paprika, Schnittlauch, Kapern, Senf), feingeschnittene rohe Zwiebel, Zucker, Rahm und Tomaten hinzu und bringt den Salat recht kalt auf den Tisch. Gut geeignet für diesen Pilzsalat sind: Reizker, Pfifferlinge, Kremplinge, Maronenröhrlinge, Hallimasch, violetter Ritterling und viele andere Pilze. Aber auch aus kurz abgekochten Pilzen können Pilzsalate hergestellt werden; besonders aus süßen Täublingen, echten Reizkern, Schirmpilzen und Pfifferlingen, die klein zerhackt als Würze dienen können.

Dagegen ist von der Bereitung von Pilzsalat aus rohen Pilzen abzuraten, da verschiedene Pilzarten, wie z. B. Kremplinge und Hexenröhrlinge, zu Verdauungsstörungen führen können.

30. *Pilzmayonnaise:* Ein halbes Kilo Pilze werden klein geschnitten mit Zwiebel und Petersilie in 20 g Fett gedünstet. Zwei Eßlöffel Öl und 4 Eßlöffel Mehl werden mit kaltem, gesalzenem Essigwasser verrührt, am Feuer dick gekocht, kalt gerührt, mit Eigelb verbessert und mit den

gedünsteten Pilzen vermischt. Dieser pikant abgeschmeckte Salat wird entweder so gereicht, oder in ausgehöhlte Tomaten gefüllt oder auf Brötchen gestrichen.

31. *Suppe von Pilzpulver:* Dünste oder röste Mehl und feingehackte Zwiebeln, füge das entsprechende Quantum Wasser oder Fleischbrühe hinzu, hierauf das Pilzpulver (1 Kaffeelöffel voll für zwei Teller Suppe) sowie Gewürz. Koche 10 bis 15 Minuten. Mit Butter, Speckstückchen, gerösteten Brotwürfeln u. a. wird der Geschmack verbessert.

32. *Soße von Pilzpulver:* Röste in Fett feingehackte Zwiebeln braun, gib dann feingewiegte Petersilie und Pilzpulver (für zwei Personen einen Kaffeelöffel voll) hinzu, außerdem Fleischbrühe, Salz oder Paprika und koche ungefähr 10 Minuten. Zuletzt rühre man etwas Milch ein.

33. *Omlette mit Pilzpulver:* In den Teig wird beliebig viel Pilzmehl eingerührt und gut gesalzen. Man beachte, daß das Pilzpulver sehr ergiebig ist. Es können auch Schnittlauch, Petersilie, Zwiebeln u. a. zur Verwendung gelangen.

34. *Knödelchen von Pilzpulver:* Pilzpulver wird in Fett mit etwas Fleischbrühe, Petersilie, Zwiebeln, Salz und Majoran gedämpft. Dann erhitzt man etwas Fett, gibt nacheinander zweimal je ein Ei und Paniermehl dazu, mengt dann das gedämpfte Pilzpulver bei, formt kleine Knödelchen und kocht sie eine Viertelstunde in Fleischbrühe oder Wasser.

35. *Pilzpulver in Haferkroketten:* Die Haferflocken werden mit Pilzpulver eingeweicht oder aufgekocht. Sie werden dann mit Mehl, Zwiebeln Petersilie, Salz, geriebenem Brot, feingeschnittenen Eiern zu einer gleichmäßigen Masse verarbeitet. Daraus formt man Würstchen oder Plätzchen. Allseitig gelb gebacken schmecken diese Kroketten vorzüglich.

Quellenverzeichnis

D. Aye: Ätherische Öle in Pilzen. Apotheker-Zeitung 1932, 47/1027.

W. Bötticher, P. Pannwitz und *E. Nier:* Die Pilzverwertung und ihre Zukunftsaufgaben, 1944. Verlag J. J. Arnd, Leipzig.

W. Bötticher, P. Pannwitz, E. Nier: Jahresberichte 1938—44 des Chemischen Untersuchungsamtes der Stadt Dresden und der Staatlichen Chemischen Untersuchungsanstalt Dresden, Über die Verwertbarkeit der Pilze als Lebens- und Futtermittel.

H. J. Brünell, W. B. Esselen, jun. and *F. P. Griffiths:* Horticultural Manufactures Departement, Massachusetts State College, Methods for Quick Freezing and Dehydrating Mushrooms.

W. Diemair: Die Haltbarmachung von Lebensmitteln und ihre Grundlagen 1946. Verlag F. Enke, Stuttgart.

W. Friese: Über pH-Werte von Pilzpreßsäften. Pharmazeutische Zentralhalle 1938, 79, 257. Verlag Th. Steinkopff, Leipzig und Dresden.

W. Friese: Über den pH-Wert von Konservenpilzen. Pharmazeutische Zentralhalle 1938, 79, 617.

W. Friese: Sind aufgewärmte und gefrorene Pilze gesundheitsschädlich? Zeitschrift für Lebensmitteluntersuchung und Forschung 88 Heft 1 S. 14.

H. Glatzel: Leistungserhöhung durch Duft- und Schmeckstoffe. Zeitschrift Natur und Nahrung 1947 Heft 17—18.

A. Gscheidle: Kleine Pilzkunde, ein Arbeitsheft für den Schulgebrauch 1948. Verlag der Pflanzenwerke in Verlag O. Angerer, München.

W. Hämmerle: Neuere Erkenntnisse in der Pilzchemie. Schweizerische Zeitschrift für Pilzkunde 1941, Jahrgang 19, Heft 3 und 4.

R. Heiß: Fortschritte der Lebensmittelchemie Band 2 S. 168, Tiefgefrieren von Pilzen. Verlag Th. Steinkopff, Leipzig und Dresden.

B. Hörmann: Pflanzenatlas 1, Heil- und Nährkräfte aus Wald und Flur. Verlag der Pflanzenwerke, München (1943).

B. R. Hennig: Pilzwirkstoffe. Zeitschrift Natur und Nahrung, Berlin 1948, Heft 11-12.

Ch. Hollande: Action de la clitocybine sur le bacille tuberculeux et entre microbe, Impremerie de dernier nouvelles de Strassbourg 21—23, Boulevard Berthelot, Montpellier 1946.

N. N. Iwanoff: Zeitschrift für Physiologische Chemie, 1927, 170, S. 274—288; ferner Biochemische Zeitschrift 1924, 154, 291 und 1928, 192, 36—40.

F. Kögl, Utrecht: Pilze und Bakterienfarbstoffe. Klein's Handbuch der Pflanzenanalyse Bd. 3, 2. Teil, S. 1410. Verlag J. Springer, Wien.

J. Liese: Konservierung eßbarer Pilze. Arbeitsgemeinschaft Ernährung aus dem Walde, Kirchseeon, Obb.

J. Liese: Der Shiitakepilz. Zeitschrift Natur und Nahrung 1948, Heft 11/12.

M. Lintzel: Über den Nährwert des Eiweißes eßbarer Pilze. Chemiker Zeitung 1943, 67, 33.

P. Maaz: Pilz und Heilkunde. Pharmazeutische Zeitung, 84. Jahrg. Nr. 18, 1948, S. 428.

E. Michael: Führer für Pilzfreunde. Verlag Quelle & Meyer, Leipzig.

Mayr: Die Aufzucht eßbarer Pilze im Walde. Naturwissenschaftliche Zeitschrift für Land- und Forstwirtschaft 1909.

Molisch: Pflanzenphysiologie als Theorie der Gärtnerei, Jena 1930.

W. Neuhoff: Pilze Deutschlands. 1946, H. H. Nölke, Verlag, Hamburg.

H. Reinhart: Wie riechen und schmecken die Pilze? Zeitschrift Natur und Nahrung 1947, Heft 13/14.

E. Rohmeder: Kahlflächen — Aufforstung. Bayer. Landwirtschaftsverlag G.m.b.H., München.

J. Rothmayr: Einführung in die volkstümliche Pilzkunde. Verlag Frantzsche Buchdrukkerei G. E. Mayer, München.

A. Scheunert: Vitamin D-Gehalt einiger eßbarer Pilze. Zeitschrift für Physiologische Chemie 1935, 235, 91.

H. Serger-Hempel: Konserventechnisches Taschenbuch. Verlag Dr. Serger und Hempel, Braunschweig.

H. Serger: Fabrikationsanweisung für Champignons in Dosen. Versuchsstation für die Konservenindustrie, Braunschweig.

H. Serger und *A. Stumpf:* Bombagen bei Dosenkonserven. Mitteilungen aus dem Konserven-Technikum Braunschweig. Die industrielle Obst- und Gemüseverwertung 33 (1948) Heft 3/4, S. 49.

K. Tressler: The Freezing Preservation of Foods. S. 379.

W. Völz: Die Deutsche Tiefgefrierwirtschaft. Die industrielle Obst- und Gemüseverwertung 1949, Heft 1.

O. Windhausen: Pilze und Schwämme. Handbuch der Lebensmittelchemie Band 5, S. 817. Verlag J. Springer, Berlin 1938.

H. Wieland und *R. Hallermayer:* Liebigs Annalen, Chem. 548, 1, 1941.

J. Zellner: Chemie der höheren Pilze. Verlag Wilh. Engelmann, Leipzig 1907.

J. Zellner: Chemie der höheren Pilze. Monatshefte Chemie 1928, 50, S. 193—200, 201—210, 1933, 62, S. 214—219.

Sachregister

Bisher erschienen aus der Reihe:

TECHNIKA

BÜCHER DER PRAXIS

Band 1

DIPL.-ING. GERHARD HÄCKER

Backpulver

Zusammensetzung, Herstellung, Untersuchung

72 Seiten, 13 Abbildungen, Gr. 8^0, 1950, broschiert DM 3.80

Eine Orientierung über das Gesamtgebiet der Backpulver erforderte bisher das Studium zahlreicher in- und ausländischer Einzeldarstellungen. Häckers Buch gibt nun eine zusammenfassende Schilderung dieses speziellen Gebietes nach dem neuesten Stand der Wissenschaft und Erfahrung. In übersichtlicher Gliederung behandelt es die Zusammensetzung und Fabrikation von Backpulvern, bringt eine Zusammenstellung der Rezepte aus den verschiedenen Backpulverklassen an Hand der in- und ausländischen Fach- und Patentliteratur sowie aus der eigenen Erfahrung des Verfassers, und schließt mit Untersuchungen der Rohstoffe und fertigen Backpulvermischungen durch Laboratoriumsmethoden und Backversuche. Reiche Bebilderung und leichtverständliche Darstellung machen dieses Werk zu einem rechten Handbuch.

Band 2

ING. JOSEPH JACOBS

Destillier-Rektifizier-Anlagen

und ihre wärmetechnische Berechnung

104 Seiten, 47 Abbildungen, 50 Gleichgewichtskurven, 13 Tabellen, Gr. 8^0, 1950, kartoniert DM 8.50

„Aus langjähriger Erfahrung im Destillier- und Rektifizierfach hat der Verfasser als Abschluß seiner beruflichen Tätigkeit dieses Buch geschrieben, das den im Apparatebau tätigen Ingenieuren und Studierenden Wegweiser und Anleitung sein soll. Es gewährt einen vorzüglichen Einblick in die mitunter recht verwickelten Vorgänge der Destillation und Rektifikation, sowie der Trennung von Mehrstoffgemischen und behandelt eingehend, doch leichtverständlich die dafür erforderlichen Rücklaufzahlen, Säulendurchmesser, Heiz- und Kühlflächen, die Bodenanzahl bzw. Füllkörper-Schichthöhe wie die Mengen des für Destillier- und Rektifizieranlagen benötigten Dampfes und Kühlwassers. Die genaue Kenntnis und Bestimmung molarer Gleichgewichtskurven wird durch 50 Kurvenbilder erleichtert, eine Reihe von Zahlentafeln für Konstruktion und Betrieb in diesem Fachgebiet und eine Beschreibung der Bauelemente, des Aufbaues und der Wirkungsweise verschiedener technischer Destillier- und Rektifizieranlagen erläutern und ergänzen dieses überaus wichtige Handbuch."

„Die Alkoholindustrie"

VERLAG VON R. OLDENBOURG, MÜNCHEN

www.ingramcontent.com/pod-product-compliance
Lightning Source LLC
LaVergne TN
LVHW060621300926
849162LV00008B/1675
* 9 7 8 3 4 8 6 7 7 7 7 6 5 *